Hans Jürgen Albrecht

Leitfaden Qualitätsmanagement für Metallberufe

Bausteine Qualitätsmanagement (TQM)
Statistische Prozessregelung (SPC)

4. Aufl

Bestellnummer 5140

Haben Sie Anregungen oder Kritikpunkte zu diesem Produkt?
Dann senden Sie eine E-Mail an 51402_004@bv-1.de
Autoren und Verlag freuen sich auf Ihre Rückmeldung.

www.bildungsverlag1.de

Bildungsverlag EINS GmbH
Sieglarer Straße 2, 53842 Troisdorf

ISBN 978-3-427-**51402**-2

Inhalt

Formelzeichen

n	Anzahl der Stichprobenwerte
k	Klassenanzahl
w	Klassenweite
$\bar{x}$	Mittelwert der Stichprobe
R	Spannweite
s	Standardabweichung der Stichprobe
$\bar{\bar{x}}$	Prozessmittelwert der Stichproben
$\bar{R}$	Prozessspannweite
$\bar{s}$	Prozessstandardabweichung
μ	Mittelwert der Grundgesamtheit
σ	Standardabweichung der Grundgesamtheit
$\hat{\mu}$ $\hat{\sigma}$	Schätzwerte für μ und σ
u	Variable der standardisierten Normalverteilung
a_n; d_n	Tabellenwerte zur Berechnung von Schätzwerten der Normalverteilung
UGW	unterer Grenzwert einer Toleranz
OGW	oberer Grenzwert einer Toleranz
T	Toleranzbreite
c_p; c_{pk}	Prozessfähigkeitswerte
$Z_{ob,\ un}$	Abstand des Mittelwertes zur Toleranzgrenze
Z_{krit}	kleinerer Abstand des Mittelwertes zu einer Toleranzgrenze
c_m; c_{mk}	Maschinenfähigkeitswerte
P	Zutreffenswahrscheinlichkeit
α	Irrtumswahrscheinlichkeit
FG	Freiheitsgrad
UEG	untere Eingriffsgrenze einer Qualitätsregelkarte
OEG	obere Eingriffsgrenze einer Qualitätsregelkarte
UWG	untere Warngrenze einer Qualitätsregelkarte
OWG	obere Warngrenze einer Qualitätsregelkarte
M	Mittellinie der Grenzen einer Qualitätsregelkarte
A_E; A_w	Tabellenkennwerte zur Berechnung der Grenzen der Mittelwertkarte
B_{OEG}; B_{UEG}; B_{OWG}; B_{UWG}	Tabellenkennwerte zur Berechnung der Grenzen der Standardabweichungskarte
D_{OEG}; D_{UEG}; D_{OWG}; D_{UWG}	Tabellenkennwerte zur Berechnung der Grenzen der Spannweitenkarte

Begriffe Deutsch – Englisch

Deutsch	Englisch
Säulendiagramm (Histogramm)	Histogram
Streudiagramm	Correlation Diagram
Pareto-Diagramm	Pareto Diagram
Ursache-Wirkungs-Diagramm (Fischgrätendiagramm)	Cause-and-effect Diagram (Fishbone Diagram)
Matrixdiagramm	Effect matrix
Fehlermöglichkeits- und Einflussanalyse (FMEA)	Failure mode, effect and criticality analysis (FMEA)
Fehlersammelkarte	Defect control chart
Strichliste	Frequency distribution
Klasse	Cell
Klassengrenze	Cell boundary
Häufigkeit	Frequency
Wahrscheinlichkeitsnetz	Probability plot
Toleranz	Tolerance
Obere und untere Toleranzgrenze	Upper and lower tolerance value
Normalverteilung	Normal distribution
Kennwert der Lage	Measure of central tendency
Kennwert der Streuung	Measure of dispersion
Qualitätsregelkarte	Quality control chart
Eingriffsgrenzen	Control limits
Messwert	Measurement value
Mittelwert	Mean value
Standardabweichung	Standard deviation
Werteverlauf	Data sequence
Maschinenfähigkeit (Kurzzeitfähigkeit)	Short-term capability
Prozessfähigkeit (Langzeitfähigkeit)	Long-term capability
Kontinuierlicher Verbesserungsprozess (KVP)	Continuous quality improvement process (CQIP)
Zulieferer	Suppliers
Vorbeugende Qualitätssicherung	Preventive quality assurance
Fehlerursache	Defect's cause
Fehlerfolge	Defect's consequence

Vorwort

Das Qualitätsmanagement im Metallbereich umfasst alle Maßnahmen, die der Erhöhung der Produktqualität dienen.

Die zusammenwachsenden Märkte in Europa fordern von den Unternehmen einen vergleichbaren Qualitätsstandard auf höchstem Niveau.
Das Erreichen dieses Standards ist entscheidend verknüpft mit dem Ausbildungs- und Kenntnisstand der Mitarbeiter vor Ort. Es genügt nicht nur, hohe Investitionen in Berater, Hard- und Software zu tätigen, sondern der veränderten Einstellung der Firmenmitarbeiter vom Topmanager bis zum Werker kommt mindestens die gleiche Bedeutung zu. Der **„Geist"** eines modernen Qualitätsmanagementsystems kann sich nur durchsetzen, wenn der Mitarbeiterschulung zunehmende Bedeutung beigemessen wird.

Das vorliegende Buch ist die **überarbeitete 4. Auflage** und berücksichtigt sowohl die geänderte Norm DIN EN ISO 9000ff. als auch neue Entwicklungen im Bereich des Total Quality Managements (TQM). Als Stichworte seien hier nur die Six-Sigma-Methodik oder das EFQM-Modell genannt.
Im Übrigen blieb die bewährte Zweiteilung zwischen den Bausteinen eines Qualitätsmanagementsystems und den Grundlagen der statistischen Prozessregelung erhalten.

Teilnehmer an Aus- und Weiterbildungsmaßnahmen von der Berufsschule bis zur Fachschule wie allen anderen Interessierten soll Unterstützung geboten werden, um sich in die komplexe Thematik einzulesen. Ich habe versucht, in kompakter, aber dennoch übersichtlicher Form einen Zugang zu diesem umfangreichen Thema zu eröffnen.

Auf Anregung von Kollegen habe ich jeden Abschnitt mit Wiederholungs- und Verständnisfragen abgeschlossen und am Ende des Buches die notwendigen Formeln und Tabellen nochmals zusammengefasst.

Ich würde mich freuen, wenn ich mit dieser Arbeit weiter dazu beitragen könnte, die Bestrebungen zur Umsetzung moderner Qualitätsmanagementsysteme zu unterstützen und erwarte interessiert Ihre Anregungen und Kommentare.

Hans Jürgen Albrecht

1 | Bausteine des Qualitätsmanagementsystems

Nach welchen Gesichtspunkten entscheiden Sie sich beim Kauf eines Produktes der gehobenen Preisklasse, z. B. bei einem PC?
Folgende Kundenwünsche sollten optimal erfüllt werden:

- Funktion
- Sicherheit
- Zuverlässigkeit
- Umweltverträglichkeit
- Lieferzeit
- Preis
- Beratung
- Kundendienst

1.1 | Der Begriff „Qualität"

Alle Wünsche zusammen definieren die Qualität dieses Produktes.
Die DIN 55350 definiert Qualität wie folgt:

> Qualität ist die Gesamtheit der Merkmale und Merkmalswerte eines Produktes oder einer Dienstleistung bezüglich ihrer Eignung, festgelegte und vorausgesetzte Erfordernisse zu erfüllen.

Mit anderen Worten :

Qualität ist, was der Kunde will!

Dies herauszufinden und umzusetzen, muss das Ziel eines auf Erfolg ausgerichteten Unternehmens sein.

Die Amerikaner, bekannt für ihre kurzen und griffigen Definitionen, bezeichnen Qualität wie folgt:

Fit for use!

Dieses „zum Gebrauch geeignet" berücksichtigt neben dem Kundenwunsch, funktionsfähige Ware zu erhalten, natürlich auch das Bestreben des Herstellers, das Produkt nach der Auslieferung möglichst nicht mehr wiederzusehen, getreu dem Slogan: „Der Kunde soll wiederkommen und nicht das Produkt."

Ein wiederkehrendes Produkt bedeutet nämlich Reklamation und Gewährleistungsansprüche, sprich:

- die Kunden sind unzufrieden,
- der Betrieb verliert Kunden,
- die Kapazitätsauslastung sinkt,
- der Gewinn sinkt und
- die Anzahl der Beschäftigten wird reduziert.

> Jeder Mitarbeiter muss Interesse daran haben, Kundenwünsche zu erfüllen.

Neben der Etablierung dieser Unternehmensphilosophie müssen auch die Prozessabläufe verändert werden. Nachdem früher überwiegend erst gefertigt und anschließend geprüft wurde, versucht man heute fertigungsbegleitend zu prüfen. Das hat den Vorteil, dass Fehler sofort erkannt und korrigierend in den Prozess eingegriffen werden kann.

Damit haben wir einen zentralen Punkt der modernen Qualitätsbemühungen erreicht:

Fehlervermeidung statt Fehlerbeseitigung.

Auch im Zeitalter hochmoderner und präziser Maschinen wirken Störeinflüsse (s. Bild 1) auf den Fertigungsablauf, die als „7 M" zusammengefasst werden. Konkret kann es sich um Werkzeugprobleme handeln oder das Material kann sich aufgrund unterschiedlichen Gefüges verschieden verhalten. Der Mitarbeiter in der Planung kann ebenso Fehler machen wie der Maschinenbediener usw.

Folglich müssen Steuerungen durch kurze und flexible Regelkreise ersetzt werden.

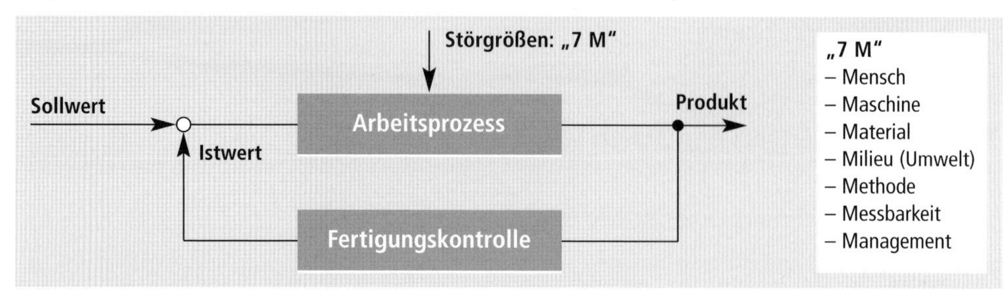

Bild 1: Fertigungsregelkreis

Kontrollfragen:

1 | Erläutern Sie den Begriff „Qualität".

2 | Erläutern Sie die aus dem amerikanischen Sprachraum stammenden Forderungen „Fit for use" und
„Build the things for the taker and not for the maker" im Zusammenhang mit Qualität.

3 | Warum spricht man im Zusammenhang mit „Qualität" häufig von einem Regelkreis?

4 | Nennen Sie sechs negative Einflussgrößen auf den Fertigungsprozess und geben Sie je ein Beispiel dazu an.

1.2 | Entwicklung der Qualitätssicherung

Erstmals trat Ende des 19. Jahrhunderts mit Beginn der arbeitsteiligen Fertigung (Taylorismus) in Amerika die Notwendigkeit einer Qualitätskontrolle auf. Bedingt durch die Fließbandarbeit wurden mehr und mehr ungelernte und angelernte Mitarbeiter in der Produktion eingesetzt. Dies hatte zur Folge, dass die "Qualität" der Produkte litt. Die Firmen führten daraufhin Kontrollen der einzelnen Erzeugnisse in ihren Unternehmen ein, um einer minderen Qualität ihrer Produkte entgegenzuwirken.

Vor allem aber in der Aufbauphase nach dem 2. Weltkrieg, nachdem der größte Nachholbedarf befriedigt war, wurde die Qualität immer wichtiger. Die Unternehmen durften nicht mehr nur stückzahlenorientiert arbeiten, sondern mussten den wachsenden

Ansprüchen der Kunden gerecht werden. Diese verlangten nach einem vergrößerten und verbesserten Angebot in qualitativer Hinsicht und bei der Produktgestaltung.
In diesen Jahren wurde neben neuen Technologien für den Kunden vor allem dessen gestiegenes Qualitätsbewusstsein entdeckt. Diesem trug man Rechnung, indem die Methoden der „Statistischen Qualitätskontrolle", also der Qualitätssicherung auf Produktionsebene, eingeführt wurden.

Gemäß dem tayloristischen Ansatz der Arbeitsteilung wurden Spezialisten mit der Qualitätskontrolle betraut. Zwar wurden auch die produzierenden Mitarbeiter täglich mit dem „Problem" Qualität konfrontiert, aber sie fühlten sich kontrolliert und nicht das Produkt.

Die Kunden wurden selbstbewusster und brachten ihre Unzufriedenheit durch Reklamationen zum Ausdruck. Sie erwarteten überdies Auskunft, mit welchen Maßnahmen der beanstandete Mangel künftig vermieden werden sollte.
Es wurde deutlich, dass jeder Bereich des Betriebes als Fehlerverursacher in Frage kam, das Qualitätssicherungssystem folglich das gesamte Unternehmen umfassen musste. Als Kunde durfte also nicht nur die belieferte Firma oder der Endverbraucher verstanden werden, sondern auch innerbetrieblich der Kollege, der den nächsten Arbeitsgang verrichtete. (Der Produktionsprozess besteht aus fortwährenden Lieferanten-Kunden-Beziehungen.)
Das gesamte Unternehmen – von der Entwicklung über die Fertigung bis hin zum Service bzw. der Kundenbetreuung – musste konsequent auf Qualität eingeschworen werden. Jeder Mitarbeiter sollte Kenntnisse über das Gesamtprodukt haben, um die Bedeutung seiner Arbeit, für die er selbst verantwortlich war, einschätzen zu können.
Die Spezialisten waren keine Prüfer mehr, sondern hilfreiche Partner, die zudem die Aufgabe der Koordinierung zwischen den Abteilungen übernahmen. Die Strukturen mussten aufgebrochen und die Verbindungen zwischen den Abteilungen (Schnittstellen) optimiert werden.
Es wurde eine umfangreiche Mitarbeiterschulung notwendig, mit der gewachsenen Eigenverantwortlichkeit erhöhte sich auch die Motivation.

Die Japaner waren Anfang der 70er Jahre die Ersten, die begannen, diese Erkenntnis konsequent umzusetzen, und die damit zunächst im Bereich Foto und Unterhaltungselektronik weltweit Marktführer wurden. Mitte bis Ende der 80er Jahre entstand das moderne **TQM** (Total Quality Management), das bis heute in unterschiedlichen Ausprägungen, aber immer als integriertes Managementsystem anzutreffen ist.

Dazu gehörte in erster Linie auch eine veränderte Einstellung: Diese wird deutlich in der japanischen **KAIZEN**-Philosophie, die von der Tatsache ausgeht, dass es Betriebe ohne Probleme nicht gibt. Gleichzeitig betrachtet sie Probleme aber auch als Schätze, da nur wahrgenommene Probleme zu Verbesserungen führen können. Es geht also nicht (wie in Europa) darum, wer für Probleme verantwortlich ist, sondern wie sie in Zukunft ausgeräumt werden können.
Beispielsweise sollten Reklamationen auch als Rückmeldung der Kunden verstanden und demzufolge gewissenhaft ausgewertet werden:
- Welche Teile werden häufig reklamiert?
- Wo liegen die Ursachen für die Reklamationen?
- Wie hoch sind die Kosten für bestimmte Fehlerarten?
  usw.

In Konsequenz dieser Auswertungen können nicht selten Design- oder Konstruktionsänderungen durchgeführt werden, die die Fehler in Zukunft ausschließen.

Dies setzt jedoch voraus, dass die ausgewerteten Daten vom Vertrieb auch zu den anderen Abteilungen – sprich zur Konstruktion – gelangen. Erst dann kann man von einem umfassenden Qualitätsmanagement sprechen.
Es müssen also Bereichsgrenzen ohne Behinderung überschritten und der Prozessgedanke zum Leitgedanken werden.

Dem widerspricht allerdings der Taylorismus, der folgenden Prozess bezeichnet: spezialisierte Arbeitsteilung ⇒ Prüfer prüft ⇒ Manager entscheidet. Der Mitarbeiter vor Ort weiß aber oft am besten, wo Fehler auftreten und welche Ansätze zur Verbesserung erfolgversprechend sind.

So sagte der japanische Konzernchef Konosuke Matsushita anlässlich eines Empfangs westlicher Industrieller:
„Wir werden gewinnen, und der industrielle Westen wird verlieren. Dagegen könnt Ihr nicht viel tun, weil der Grund des Versagens in Euch selbst liegt.
Nicht nur Eure Firmen sind nach dem Taylorschen Modell gebaut, sondern, was noch schlimmer ist, auch Eure Köpfe. Eure Bosse besorgen das Denken, und Ihre Mitarbeiter schwingen die Werkzeuge. Im tiefsten Innern seid Ihr noch überzeugt, dies sei der einzig richtige Weg, ein Unternehmen zu betreiben. Für Euch besteht Management darin, die Ideen aus den Köpfen der Manager in die Köpfe der Mitarbeiter zu bringen."

KVP (Kontinuierlicher Verbesserungsprozess) ist ein neues Schlagwort bei der Umsetzung der KAIZEN-Philosophie in unseren Breiten.
Zentraler Gesichtspunkt dieser Idee ist das innerbetriebliche Vorschlagswesen, das unbürokratisch und vor allem zügig vonstatten gehen soll.

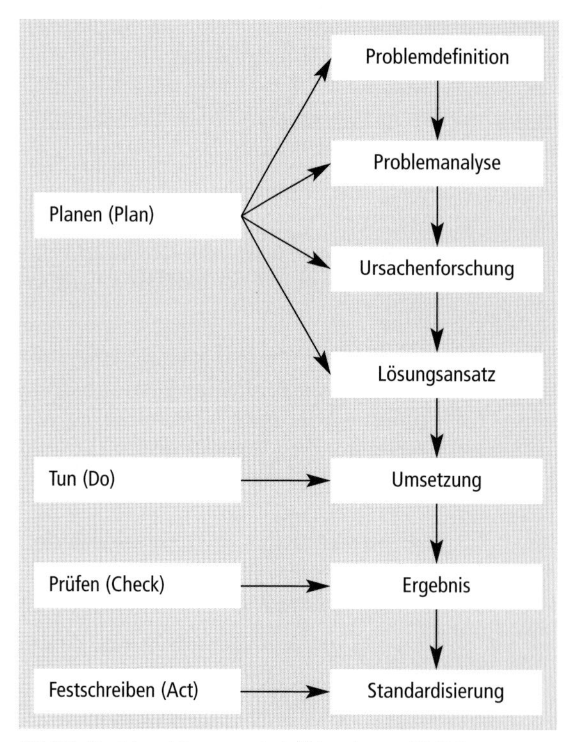

Bild 2: Problemlösungsmodell in einem KVP-Prozess

Neben dieser wesentlich vom Engagement der Mitarbeiter abhängigen Form des Verbesserungsprozesses wurden in vielen Unternehmen sogenannte **Qualitätszirkel** gebildet. Hier treffen sich in regelmäßigen Zeitabständen verschiedene Mitarbeiter und versuchen konkrete Problemstellungen aus dem täglichen Arbeitsablauf zu optimieren.
Man bedient sich dabei meist eines Problemlösungsmodells, das in der japanischen KAIZEN-Bewegung entwickelt wurde. Es besteht aus den vier Phasen **Plan, Do, Check** und **Act.** (s. Bild 2)

Es geht dabei weniger um wissenschaftlich fundierte Lösungsansätze, sondern vielmehr um sofort umsetzbare Ideen, die meist auf dem Erfahrungsschatz der Mitarbeiter beruhen. Sollte die Idee keinen Erfolg bringen, stellt man dies in der Prüfungsphase fest und probiert eine andere Variante. Erst wenn definitiv eine Verbesserung festgestellt werden kann, wird der Ansatz als Standardlösung übernommen.
Jüngste Prozessanalysen zeigen gute Erfolge hinsichtlich der Verbesserung von Produktivität und Kostenstruktur.

Die Einstellung der Mitarbeiter zum Unternehmen und vor allem des Unternehmens zum Mitarbeiter sind Grundvoraussetzung für das Umsetzen von „Total Quality Management".

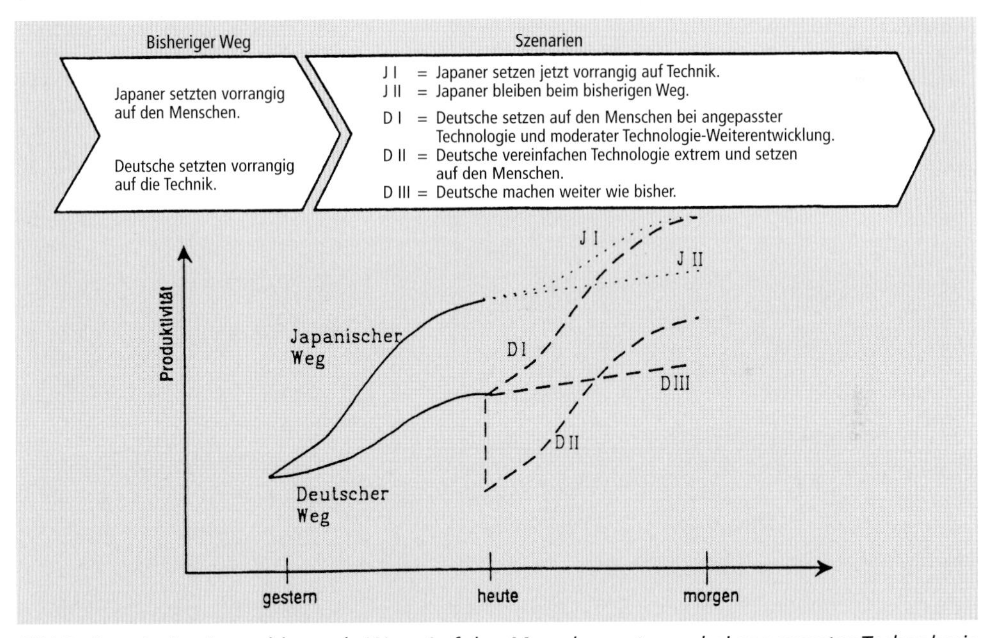

Bild 3: Der einzig einzuschlagende Weg: Auf den Menschen setzen – bei angepasster Technologie und moderater Technologie-Weiterentwicklung.

Das bessere Ausnutzen des Leistungspotenzials der Mitarbeiter durch richtige Motivation hat in der europäischen Industrie die größten Erfolgsaussichten.

In diesem Zusammenhang sind auch die teilweise umfangreichen Umstrukturierungen in den Betrieben zu sehen. Qualität ist kein Besitzstand, wie die Japaner eindrucksvoll nachgewiesen haben, und wenn wir nicht wollen, dass unser „Made in Germany" zur bloßen Worthülse verkommt, müssen wir reagieren und die gewonnenen Erkenntnisse konsequent umsetzen.

Vision:	Der Mitarbeiter in der Sehnsucht, den Wettbewerb am Markt für sich, für sein Team, für sein Unternehmen zu entscheiden.
Motto:	Wenn Du ein Schiff bauen willst, so trommle nicht die Männer zusammen, um Holz zu beschaffen und Werkzeuge vorzubereiten, sondern lehre die Männer die Sehnsucht nach dem endlosen weiten Meer. *Antoine de Saint-Exupery*

Bild 4: Eine am Wettbewerb orientierte Vision bildet die Grundlage langfristiger Leistungssteigerung

Daraus ergeben sich folgende Unternehmensziele:

- Eine Organisation aufbauen, mit der sich die technischen und menschlichen Faktoren, welche die Qualität der Produkte beeinflussen, gut beherrschen lassen.
- Maßnahmen einführen, die darauf abzielen, ungenügende Qualität auszusondern oder besser zu verhüten.
- Ein Qualitätssicherungssystem einführen, das sowohl auf das Unternehmen als auch auf das Endprodukt abgestimmt ist.

Der Erfolg eines produzierenden Unternehmens hängt im Wesentlichen von vier Faktoren ab:

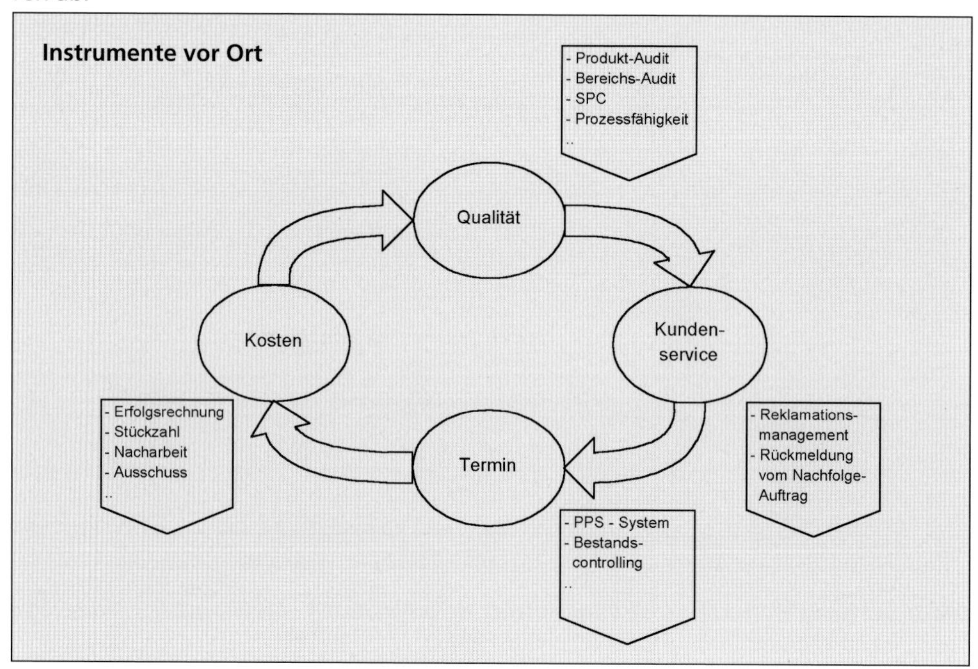

Bild 5: Vier Erfolgsfaktoren zur Unternehmenssicherung

Die Einhaltung dieser vier grundlegenden Faktoren hat um so mehr Bedeutung, als sich die Wettbewerbssituation wesentlich verschärft hat durch:

- eine insgesamt schlechtere Absatzlage,
- einen gemeinsamen Markt in Europa,
- eine veränderte Produkthaftung und
- Konkurrenz mit vielen, vor allem asiatischen, Anbietern auf dem Weltmarkt.

Man muss sich dieser Herausforderung stellen, denn auch restriktiv betriebene Wirtschaftspolitik, wie z. B. Schutzzölle, können die einheimische Industrie kaum schützen. Diese Schutz-Mechanismen werden unterlaufen, indem im Kundenland produziert wird. So haben die Japaner in den 90ern sechsmal soviel in der EU investiert, wie Staaten der EU in Japan.

Bevor aber die Qualität eines Produktes zum Thema werden kann, muss, und das trifft vor allem für neuere Anbieter zu, der Hersteller seine Qualitätsfähigkeit nachweisen. Das gilt sowohl für den Endverbraucher, als auch für den Zulieferermarkt.

Kontrollfragen:

1 | Nennen Sie die entscheidenden Faktoren für den Erfolg eines Unternehmens.

2 | Erläutern Sie die Abkürzung „KVP".

3 | Erklären Sie, warum die Gedanken des modernen Qualitätsmanagements mit den Vorgaben des Taylorismus kaum vereinbar sind.

1.3 | Gründe für ein Qualitätsmanagementsystem

Es ergeben sich eine Vielzahl von Gründen, die jedes Unternehmen dazu bewegen sollten, ein Qualitätsmanagementsystem aufzubauen:
- Kostenreduktion durch erhöhte Produktqualität,
- Kundenforderungen erfüllen,
- Zahl der Reklamationen verringern,
- Unternehmensposition im nationalen und internationalen Markt aufbauen und festigen,
- interne Abläufe überprüfen und damit die Möglichkeit, Einsparpotenziale zu erkennen und zu nutzen,
- Produktentstehungszeiten beschleunigen sowie
- die Argumentationsbasis im Gewährleistungsfall verbessern.

Diese Aufzählung erhebt keinen Anspruch auf Vollständigkeit, aber auf das letztgenannte Argument soll etwas näher eingegangen werden:
Die in Deutschland im Jahre 1990 an die internationale Rechtsprechung angepasste Produkthaftung bedeutet im Wesentlichen eine Beweislastumkehr zu Lasten des Herstellers. Kann dieser auf ein, im Idealfall durch unabhängige Dritte überprüftes Qualitätsmanagementsystem verweisen, hat er im Regressfall vor Gericht klare Beweisführungsvorteile.

Zusätzlich wurde zum 01. 01. 2002 das Schuldrecht im „Bürgerlichen Gesetzbuch" verändert und die Verbraucherposition wesentlich gestärkt.
Augenfälligste Änderung ist die im Rahmen des EU-Rechts angehobene gesetzliche Gewährleistungsfrist oder wie es jetzt heißt: „Sachmangelhaftung" von bisher 6 Monaten auf 2 Jahre.

In der nachfolgenden Gegenüberstellung sind die Unterschiede in der Produkthaftung vor und nach 1990 zusammengefasst:

	Bisherige Haftung	Veränderte Haftung ab 1990
Wer	Hersteller/Zulieferer	Hersteller/Zulieferer, Händler, EG-Importeur, Lieferant der Hersteller
Wofür	Hersteller/Zulieferer: – Konstruktionsfehler – Fabrikations-, Kontrollfehler – Instruktionsfehler – Verletzung der Produktbeobachtungspflicht Händler: – Fehler des Produktes, soweit bekannt oder erkennbar	Hersteller/Zulieferer/Importeur/ Lieferant (Verkäufer, Händler): – Fehlerhaftes Produkt
Umfang	– Schäden am Produkt – Folgeschäden – Schmerzensgeld	– Schäden am Produkt – Schäden an „anderen Sachen" – Folgeschäden (Selbstbehalt ≈ 560,00 €) Höchstsumme 80 Mio. € (bei Personenschäden) – Kein Schmerzensgeld
Beweislast	Geschädigter: – Fehler – Schaden – Kausalität – Verschulden Schädiger: Kein Verschulden, weil: – Stand der Technik – Unvorhergesehenes Versagen	Geschädigter: – Fehler – Schaden – Kausalität Schädiger (Beweislastumkehr): – Entwicklungsrisiko – Stand der Technik – Produkt entspricht zwingenden Rechtsvorschriften, auf Verschulden kommt es nicht an
Verjährung	3 Jahre ab Schadenseintritt, Anspruch erlischt nach 30 Jahren	3 Jahre ab Schadenseintritt, Anspruch erlischt nach 10 Jahren ab Inverkehrbringen des Produktes
Genereller Haftungsausschluss	Ausreißer	– Entwicklungsrisiken – Produkt entspricht zwingenden Rechtsvorschriften – Produkte, die gewerblich genutzt werden
Vertraglicher Haftungsausschluss	Gegenüber Vertragspartner: Haftungsausschluss für: – Leichte Fahrlässigkeit durch AGB – Grobe und leichte Fahrlässigkeit durch Individualvertrag	Unabdingbar, also grundsätzlich **nicht** möglich

Bild 6: Produkthaftung

Kontrollfragen:

1 | Geben Sie vier Argumente an, die für die Installation eines Qualitätsmanagementsystems sprechen.

2 | Erläutern Sie den Zusammenhang zwischen einem funktionierenden Qualitätsmanagementsystem und der Produkthaftung.

3 | Welche entscheidende Veränderung in der Gesetzgebung zur Produkthaftung fand 1990 statt?

1.4 | Installation eines Qualitätsmanagementsystems

Angelehnt an den Qualitätskreis kann das Qualitätsmanagementsystem in vier Bereiche unterteilt werden:
- Qualitätsplanung
- Qualitätslenkung
- Qualitätssicherung
- Qualitätsverbesserung

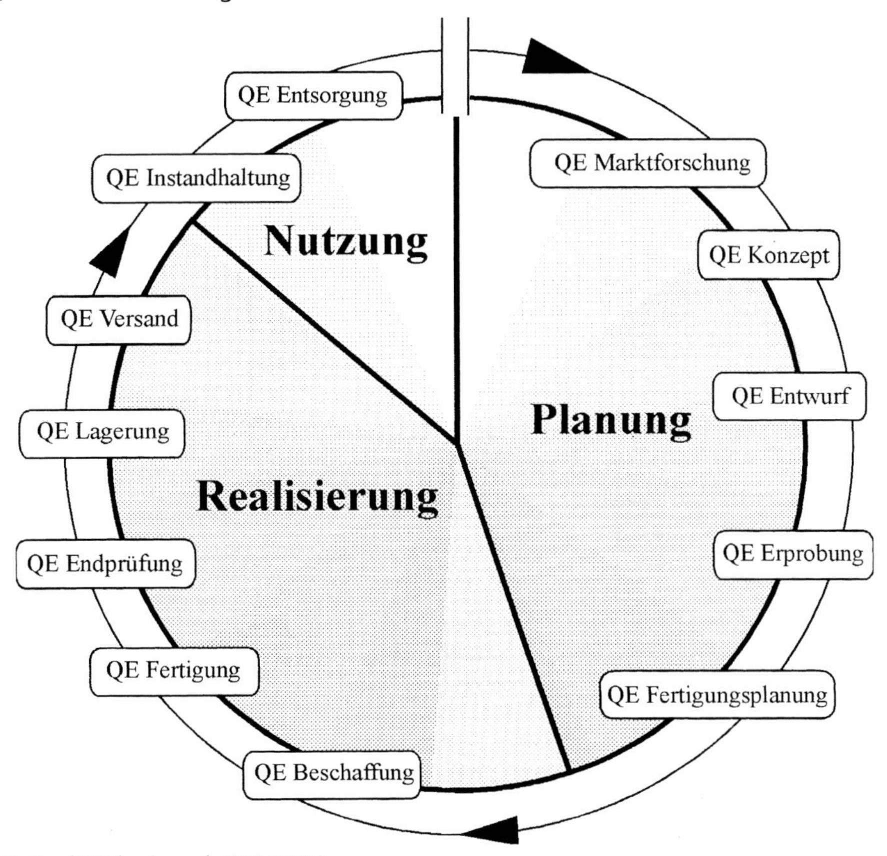

Bild 7: Qualitätskreis nach DIN 55350

Hat sich die Geschäftsführung eines Unternehmens entschlossen ein Qualitätsmanagementsystem einzuführen, muss sie zunächst die **Qualitätspolitik** festlegen. Diese neue Philosophie wird zum Leitbild des Unternehmens, dem sich jeder Mitarbeiter unterordnen muss.

In einem zweiten Schritt werden aus der Qualitätspolitik konkrete **Qualitätsziele** abgeleitet. Neben den Vorgaben der Unternehmensführung fließen hier die Kundenwünsche, aber auch gesetzliche Vorgaben ein. Die Ziele werden dokumentiert und müssen von allen Mitarbeitern verinnerlicht werden, da sie zukünftig entscheidend das Handeln beeinflussen.

Anschließend werden **Qualitätsverantwortliche** benannt, die für die eigentliche Umsetzung des Qualitätsmanagementsystems zuständig sind. Diese Mitarbeiter müssen sowohl mit dem notwendigen Know-how als auch mit der entsprechenden Weisungsbefugnis ausgestattet werden. Sie haben Entscheidungen zu treffen, die sowohl den Ablauf als auch den Aufbau des Unternehmens berühren. Folglich sind sie strukturell unmittelbar unter der Geschäftsleitung angesiedelt.

Letztlich muss das **Qualitätsmanagementsystem** installiert werden. Gehen wir von einem produzierendem Unternehmen aus, besteht ein moderner Produktzyklus aus einer Vielzahl von beteiligten Qualitätselementen (QE).
Die DIN 55350 definiert dies als Qualitätskreis (s. Bild 7), wobei auf phasenübergreifende Elemente, wie z.B. die Qualitätsprüfung bzw. die Prüfmittelüberwachung aus Gründen der Übersichtlichkeit verzichtet wird.

Nachfolgend sind mögliche Strukturen für verschiedene Betriebsgrößen dargestellt:

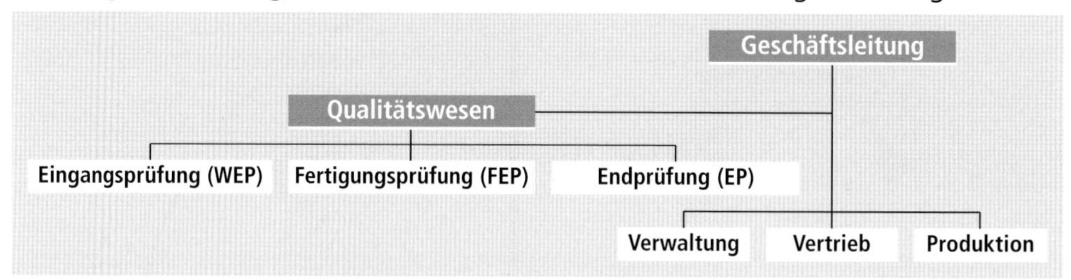

Bild 8: Beispiel für einen Kleinbetrieb

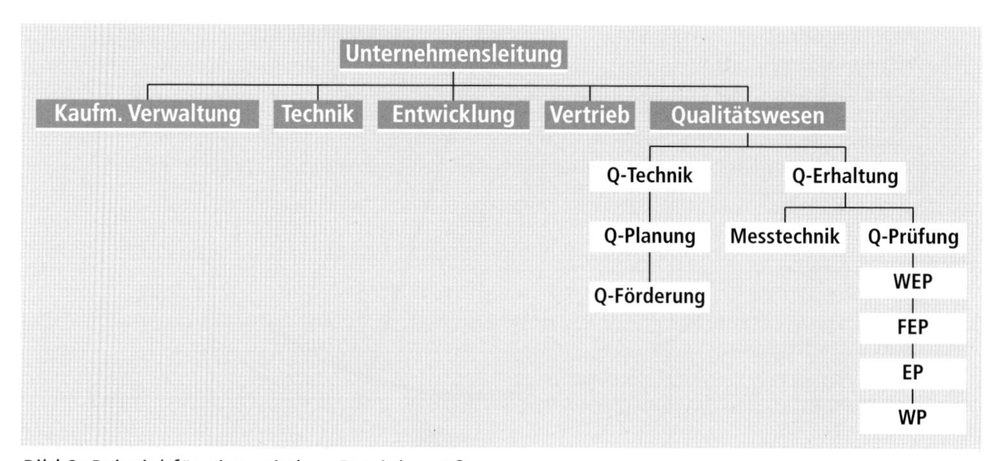

Bild 9: Beispiel für eine mittlere Betriebsgröße

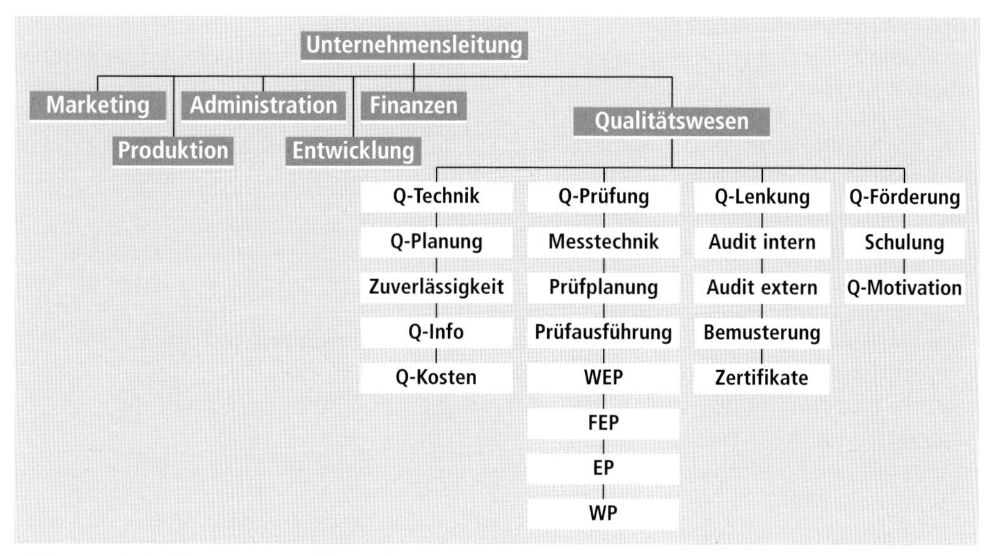

Bild 10: Beispiel für einen Großbetrieb

Die Aufgabe des Qualitätswesens ist vorrangig die Sicherstellung der geforderten Qualität.

Bereits in der Planungsphase müssen Qualitätsbestrebungen einsetzen, denn je früher die qualitativen Gesichtspunkte berücksichtigt werden, umso wirkungsvoller und wirtschaftlicher wird die Produktion.

Für die Umsetzung eines neuen Produktes soll beispielhaft aufgezeigt werden, welche Tätigkeiten und koordinierenden Maßnahmen in den beteiligten Fachabteilungen notwendig sind, um das Ziel der Kundenzufriedenheit zu erreichen.

Vertrieb
Die Vertriebsabteilung soll:
- den Marktbedarf abschätzen,
- Menge, Preis und Zeitplan ermitteln,
- Abnehmerforderungen feststellen, klar formulieren und im Unternehmen bekanntgeben und
- die Erfordernisse an das Produkt festlegen.

Eine Zusammenstellung der Forderungen an ein Produkt ist das Lastenheft.
Hier findet man:
- Leistungsmerkmale z. B. Umwelt- und Einsatzbedingungen, Zuverlässigkeit,
- Empfindungsmerkmale z. B. Farbe, Stil, Geschmack,
- die Einbauanordnung,
- die Verpackung und
- den Qualitätssicherungsnachweis.

Entwicklung und Konstruktion
Die Qualität der Konstruktion begleitet das Produkt von der Herstellung bis zum Reparaturdienst. Hier wird der Grundstein für die Qualität des späteren Produktes gelegt. Folglich muss die Qualität des Produktes ausführlich bewertet und dokumentiert werden. Auch sollte jede Änderung oder Modifikation vor der Übergabe des Produktes an die Fertigung eingearbeitet sein.

Die Entwurfsprüfung umfasst folgende Gesichtspunkte:

a) Vorgaben und Zufriedenheit des Kunden
- Fertigungsrahmenbedingungen z. B. Werkstoffe festlegen und die im Lastenheft festgelegten Kundenwünsche gegenüberstellen,
- gesetzliche Vorschriften, Sicherheit und Umweltgesichtspunkte beachten,
- Prototypen unter realen Einsatzbedingungen testen,
- ähnliche Produkte der Konkurrenz oder aus eigener Fertigung vergleichen.

b) Kriterien der Arbeitsvorbereitung
- Entwurf an die Produktionsbedingungen des Betriebes (Produktivität berücksichtigen) anpassen,
- Prüfpläne erstellen (sind alle funktionswichtigen Merkmale prüfbar?),
- einzelne Fertigungsschritte hinsichtlich Zulieferer, Bereitstellung im Betrieb, Kapazitäten usw. verzahnen.

c) Kriterien von Fertigung und Kundendienst
- Montierbarkeit, Zuverlässigkeit, Reparaturfreundlichkeit usw.,
- Zeichnungen (Toleranzen) und Möglichkeiten der Fertigung, Fragen der Fehlererkennung und -ursachen vergleichen,
- Bedienungsanleitung und notwendige Beschriftungen des Produktes erstellen.

Fertigung
Hier muss zuerst zwischen eigener Fertigung und Zulieferteilen unterschieden werden.

Der oder die Zulieferer müssen sorgfältig ausgewählt werden (s. 1.7.4 Lieferantenbewertung). Neben Preis und Liefertreue ist die Qualität entscheidend. Voraussetzung für qualitativ hochwertige Zulieferprodukte sind klare Qualitätsangaben in den Bestellunterlagen. Bei Verdacht auf eine Störung muss ein sofortiger Datenaustausch möglich sein, d. h. eine lückenlose Dokumentation der Prüfdaten sollte vorliegen.

Die eigene Fertigung ist so aufzubauen, dass Fehler möglichst frühzeitig erkannt werden, denn es lassen sich nicht alle Mängel im Entwurfsstadium beheben. Zwischen Fertigung und Qualitätssicherung muss ein vertrauensvolles Klima herrschen, damit Fehler nicht vertuscht, sondern gemeinsam beseitigt oder noch besser vermieden werden. Auch hier sollten alle Prüfergebnisse mit Angabe der Abhilfe dokumentiert weren. Die eindeutigsten, wenn auch nicht wünschenswerten Qualitätsdaten, sind Meldungen von Störfällen beim Endverbraucher, deshalb müssen diese Reklamationen sofort bearbeitet und Abhilfe eingeleitet werden.

Kundendienst
Ein Produkt lässt sich über einen längeren Zeitraum nur verkaufen, wenn der Kunde auch noch nach dem Kauf betreut wird. Das setzt fachlich und im Umgang mit Menschen geschultes Personal voraus. Qualitätssicherung umfasst also auch die Mitarbeiterschulung und dies nicht nur im Kundendienst.

Es wäre nun ein Trugschluss zu glauben, mit einer Abteilung für Qualitätssicherung sei die Qualität der erzeugten Produkte bereits sichergestellt.

> Qualität muss erzeugt werden, sie kann nicht hineinkontrolliert werden.

Kontrollfragen:

1 | Welcher Gedanke steckt hinter der Darstellung des Qualitätskreises?

2 | Wo sollte der Qualitätsbeauftragte in der Unternehmensstruktur angeordnet sein? – Begründen Sie Ihre Antwort.

3 | Nennen Sie die vier Bereiche eines Qualitätsmanagementsystems.

1.5 | Zertifizierung nach DIN EN ISO 9000 ff.

Um sicher zu gehen, dass die eben beschriebenen Anstrengungen in die richtige Richtung gehen und um dies vor allem nach außen sichtbar zu machen, kann sich ein Unternehmen zertifizieren lassen.

Das zentrale Normenpaket im Bereich Qualitätsmanagement ist die DIN EN ISO 9000 ff. Es wurde hier erweitert um die DIN EN ISO 19011, die sich mit der Auditierung auseinandersetzt.

> **DIN EN ISO 9000:2005**
> Qualitätsmanagementsysteme
> Grundlagen und Begriffe

> **DIN EN ISO 9004:2008**
> Qualitätsmanagementsysteme
> Leitfaden zur Leistungsverbesserung

> **DIN EN ISO 9001:2008**
> Qualitätsmanagementsysteme
> Anforderungen

> **DIN EN ISO 19011:2002**
> Leitfaden für Audits von Qualitätsmanagement- und/oder Umweltmanagementsystemen

Bild 11: Normenwerk zum Qualitätsmanagement

Die DIN EN ISO 9000 führt in die Normenfamilie ein und erläutert Grundsätze des Qualitätsmanagements. Sie beschreibt Grundlagen und Anwendungsbereiche für Qualitätsmanagementsysteme und zeigt Ansätze auf. Sie wurde nach 2000 zum zweiten Mal überarbeitet, wobei sich die Änderungen 2005 nur auf Begrifflichkeiten beziehen. Klarere Definitionen sollen eine bessere Kompatibilität zu anderen Normen gewährleisten.

In der DIN EN ISO 9004 werden Anleitungen und Empfehlungen zur erfolgreichen Umsetzung eines Qualitätsmanagementsystems gegeben. So wird auch der Gedanke der ständigen Verbesserung behandelt, da das System langfristig erfolgreich wirken soll. In der Version von 2008 hat sich die DIN EN ISO 9004 als übergeordnete Norm deutlich von der DIN EN ISO 9001 abgekoppelt und ist auf alle Organisationen anwendbar. Sie ist klarer strukturiert und in Teilbereichen gestrafft.

In der DIN EN ISO 9001 werden branchenübergreifend die Anforderungen formuliert, die das Qualitätsmanagementsystem erfüllen muss, um zertifiziert werden zu können. Auch diese Norm wurde mehrfach aktualisiert und ist am 01.12.2008 in neuester Fassung in Kraft getreten. Es gibt gegenüber 2000 keine neuen Anforderungen, sondern auch hier wurde nur präzisiert und gestrafft. Die wesentliche Änderung geschah 2000, als die Zertifikatsnormen 9002 und 9003 für unterschiedlich strukturierte Betriebe abgeschafft wurden, also nur noch nach 9001 zertifiziert wird.
Weiterhin wurde ins Zentrum der Betrachtung der jeweilige Kernprozess des Unternehmens gerückt, der bzgl. der Qualitätsbestrebungen beschrieben werden muss. Damit hatten auch Dienstleister einen besseren Zugang zur Norm, als bei der am produzierenden Gewerbe orientierten Urfassung.

Die folgende Darstellung zeigt modellhaft den Prozesskreislauf, der konkret für den eigenen Betrieb im zentralen Dokument, dem Qualitätshandbuch, beschrieben werden muss.

Modell der neuen DIN EN ISO 9001:2008

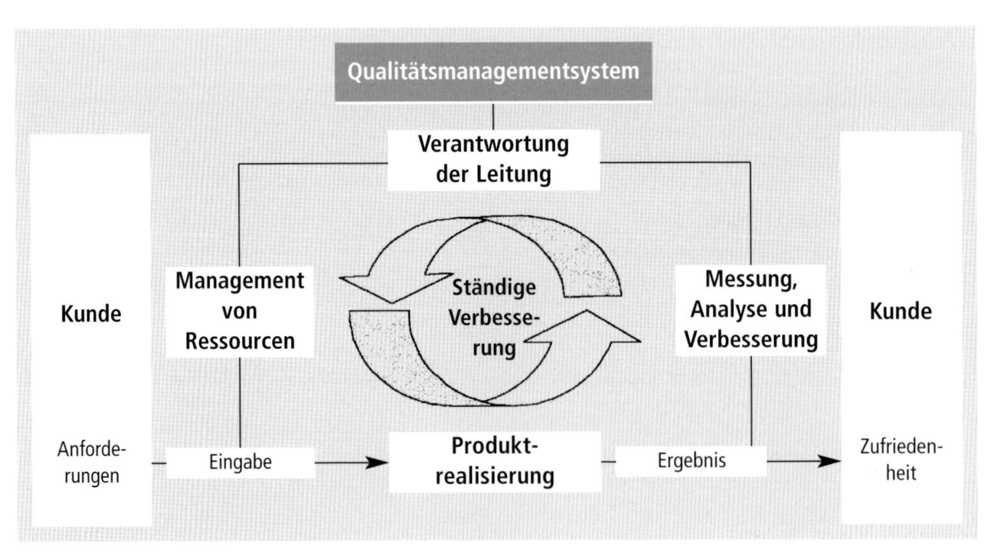

Bild 12: Prozessmodell der DIN EN ISO 9001:2008

Im Qualitätshandbuch werden das installierte Qualitätsmanagementsystem und die jeweiligen Zuständigkeiten dokumentiert. Ferner müssen Verfahrens- und Arbeitsanweisungen verfasst werden, die zusammenhängende Abläufe bzw. einzelne Arbeitsplätze beschreiben.
Für das Qualitätshandbuch ergeben sich die nachfolgend aufgeführten Kapitel:

Einleitender und erklärender Teil

1. Einleitung
2. Qualitätspolitik
3. Organisation und Verantwortungen
4. Prozesse des Qualitätsmanagements

Hauptkapitel

5. Verantwortung der Leitung
5.1 Verpflichtung der Leitung
5.2 Kundenorientierung
5.3 Qualitätspolitik
5.4 Planung
5.5 Verantwortung, Befugnis und Kommunikation
5.6 Managementbewertung

6. Management der Mittel
6.1 Bereitstellung von Ressourcen
6.2 Personal
6.3 Infrastruktur
6.4 Arbeitsumgebung

7. Realisierung von Produkten und Dienstleistungen
7.1 Planung der Produkt-Realisierung
7.2 Kundenbezogene Prozesse
7.3 Entwicklung
7.4 Beschaffung
7.5 Produktion und Dienstleistungserbringung
7.6 Lenkung von Überwachungs- und Messmitteln

8. Messung, Analyse, Verbesserung
8.1 Planung
8.2 Messung und Überwachung
8.3 Lenkung fehlerhafter Produkte
8.4 Datenanalyse
8.5 Verbesserung

Zusätzlich schreibt die Norm entgegen älterer Fassungen nur noch die Dokumentation von 6 zentralen Verfahren vor:

1. Lenkung von Dokumenten
2. Lenkung von Qualitätsaufzeichnungen
3. Internes Audit
4. Lenkung von Fehlern
5. Korrekturmaßnahmen
6. Vorbeugemaßnahmen

Aus logischen Gesichtspunkten wird die DIN EN ISO 9000-Familie hier erweitert um die DIN EN ISO 19011. Diese Norm beschäftigt sich als Leitfaden neben der Qualifikation von Auditoren in erster Linie mit dem Management von Audits.

Dabei werden sowohl interne als auch externe Audits, z. B. bei Zulieferern, und das Audit durch die Zertifizierungsgesellschaft angesprochen.

Grundsätzliche **Ziele des Qualitätsaudits** sind:
- Schwachstellen im Qualitätsmanagement aufzuzeigen,
- Verbesserungsmaßnahmen zu veranlassen,
- die Wirksamkeit der Verbesserungsmaßnahmen zu überwachen.

Der Begriff „Audit" kommt aus dem Lateinischen (audire = hören), wurde im Englischen im Zusammenhang mit „Rechnungsprüfung" o. Ä. benutzt und ersetzt als sog. „Qualitätsaudit" in unserem Sprachraum seit etwa 20 Jahren den Begriff „Qualitätsrevision".

Definition nach Norm:

Qualitätsaudit = Beurteilung der Wirksamkeit des Qualitätsmanagementsystems oder seiner Elemente.

Ein Qualitätsaudit soll alle Qualitätselemente im Modell des Qualitätskreises möglichst unparteiisch auf ihre Wirksamkeit hin überprüfen. Es hat somit mit dem zugehörigen Auditorenteam die Funktion des Kontrolleurs der Kontrolleure. Das Team kann innerbetrieblich zusammengestellt werden oder wie im Fall der Zertifizierung von außerhalb kommen.

Die Audits werden aus folgenden Gründen durchgeführt:
- zur Eigenbewertung (Systemaudit),
- zur Lieferantenbewertung (Systemaudit),
- aus gegebenem Qualitätsmangel (Verfahrens- oder Produktaudit).

Qualitäts-audit-Art	Grundlagen	Zweck
system-orientiert	Anweisungen und Richtlinien des Qualitätsmanagements, Vorgaben des Kunden	Überprüfen des gesamten Qualitätsmanagementsystems bezogen auf einzelne Bausteine und das Zusammenwirken im Ganzen. Feststellen, ob Kenntnisstand des Personals ausreicht, das System zu betreiben.
verfahrens-orientiert	Einhaltung der Vorgaben des Fertigungsablaufes (Arbeitsvorbereitung), Personalqualifikation	Überprüfen von Produktlinien einschließlich des 'Personals hinsichtlich vorgegebener qualitätssichernder Maßnahmen. (Zweckmäßigkeit und Einhaltung)
produkt-orientiert	Prüf- und Fertigungsunterlagen und -mittel, Kunden-, Sicherheits- und Gesetzesvorgaben	Feststellung, ob getroffene Maßnahmen zur Qualitätssicherung ausreichen. Dazu stichprobenartige Kontrolle von Einzelteilen oder Gesamterzeugnissen.

Bild 13: Grundlagen und Zweck der Qualitätsauditierung

Kurzfristig sollen durch das Audit bestehende Mängel erkannt und Beseitigungen veranlasst werden. Dazu werden festgestellte Mängel durch den Qualitätsbeauftragten der Geschäftsleitung vorgetragen, die ihrerseits die betroffenen Bereiche bzw. Abteilungen verpflichtet, Maßnahmen zur Bereinigung der Situation vorzuschlagen.

Mittel- und langfristig kann angeregt werden, das Qualitätsmanagementsystem an veränderte Verhältnisse anzupassen. Das Audit ist somit auch ein Mittel zur Dynamisierung.

Für die Zertifizierung wird durch staatlich geprüfte Stellen, also unabhängige Dritte wie z. B. TÜV Cert, DQS, DEKRA o. Ä. ein Systemaudit nach den Vorgaben der DIN EN ISO 9001 durchgeführt und im Erfolgsfall das Zertifikat erteilt. Dieses ist zunächst drei Jahre gültig und muss danach jährlich bestätigt werden.

Wird das Zertifizierungsaudit nicht bestanden, erhält das Unternehmen einen angemessenen Zeitraum, um die Mängel abzustellen, und wird erneut auditiert.

Das Zertifizierungsaudit bewertet einzig das Qualitätsmanagementsystem und nicht die Produkte eines Unternehmens.

TÜV

ZERTIFIKAT

Die Zertifizierungsstelle Kraftfahrt
bescheinigt hiermit, dass das Unternehmen

Wittbecker & Birkmann GmbH
Bredenhop 9, D-32609 Hüllhorst

für den Geltungsbereich[1]

Metallverarbeitung mit dem Schwerpunkt Blechverarbeitung und Komponentenfertigung für die Automobilzulieferindustrie sowie den allgemeinen Maschinenbau

ein Qualitätsmanagementsystem eingeführt hat und anwendet.

Durch ein Audit, Berichts-Nr. 06030CA
wurde der Nachweis erbracht, dass die Forderungen[2] der

DIN EN ISO 9001:2000

erfüllt sind.

Dieses Zertifikat ist gültig bis
19.02.2010

Zertifikat-Registrier-Nr.
06030

Köln, den 20.02.2007

Zertifizierungsstelle Kraftfahrt

Zertifizierungsstelle Kraftfahrt in der TÜV Rheinland Kraftfahrt GmbH akkreditiert von der Akkreditierungsstelle des Kraftfahrt-Bundesamtes für die Prüfung von Qualitätsmanagementsystemen

Deutscher Akkreditierungs Rat
DAR
KBA-ZM-A 00010-95

1) Produktbereich/Unternehmensbereich, Hinweise auf der Rückseite/Anlage beachten
2) Ausschlüsse: 7.3, Entwicklung

Bild 14: Beispiel eines Zertifikates

Doch der Weg zum Zertifikat ist weit und kann je nach Betriebsgröße ein Jahr und länger dauern. Erst wenn die bereits beschriebenen Dokumentationen geprüft und akzeptiert worden sind, wird zwischen Betrieb und Zertifizierungsunternehmen ein Termin für das eigentliche Zertifizierungsaudit ausgemacht.

Bild 15: Vereinfachter Ablauf einer Erstzertifizierung

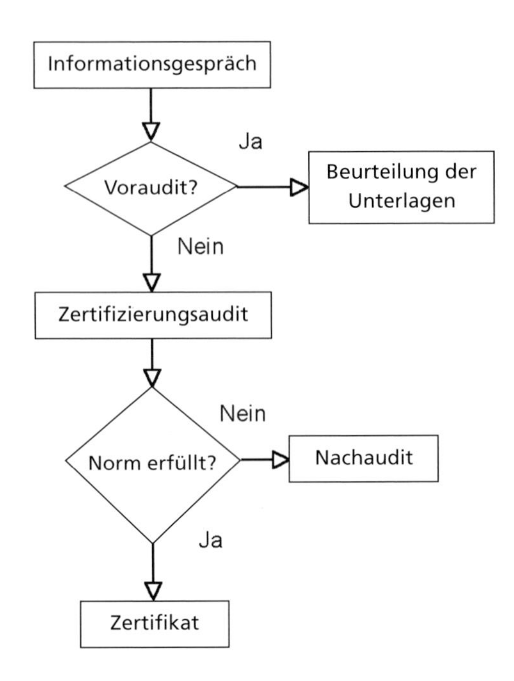

Kontrollfragen:

1 | Nennen Sie je zwei Vor- und Nachteile einer Zertifizierung nach DIN EN ISO 9001.

2 | Erläutern Sie in Stichworten die Bausteine der Normenreihe DIN EN ISO 9000-9004.

3 | Beschreiben Sie, was mit der in Punkt 8.3 der DIN EN ISO 9001:2008 geforderten „Lenkung fehlerhafter Produkte" gemeint ist.

4 | Erklären Sie den Unterschied zwischen System- und Produktaudit.

1.6 | TQM und seine aktuelle Entwicklung

Da Qualitätsmanagement oft fälschlicherweise mit dem Erlangen des Zertifikates nach DIN EN ISO 9001 gleichgesetzt wurde, versuchte man auch begrifflich zu unterstreichen, dass die „Qualitätsbewegung" kein endlicher Prozess ist.
Es entstand in den 80ern der TQM-Gedanke, der als ständiger Motor der Qualitätsanstrengungen aufgefasst werden sollte, gemäß dem Leitspruch

Stillstand ist Rückschritt.

So ist die Zertifizierung zwar ein Erfolg, aber nur ein erster Meilenstein auf dem Weg zu TQM.

Die DIN ISO 8402 definiert TQM:

> Auf der Mitwirkung aller ihrer Mitglieder basierende Führungsmethode einer Organisation, die Qualität in den Mittelpunkt stellt und durch Zufriedenstellung der Kunden auf langfristigen Geschäftserfolg sowie auf Nutzen für die Mitglieder der Organisation und für die Gesellschaft zielt.

Ebenso einfache wie treffende Deutungen entstanden in den Betrieben vor Ort:

T → Täglich		**T → Time**
Q → Qualität	**oder**	**Q → Quality**
M → machen!		**M → Money**

Im Zentrum steht natürlich wie bei jedem marktwirtschaftlich orientierten Unternehmen der finanzielle Erfolg.
Dabei prallen zunächst zwei gegenläufig erscheinende Zielsetzungen aufeinander. Zum einen wünscht man sich ein Qualitätsmanagementsystem mit stabilen Prozessen und festen Handlungsabläufen, zum anderen muss aber den ständig wechselnden Anforderungen des Marktes flexibel Rechnung getragen werden. Erfolg ist in der heutigen Zeit mehr denn je vergänglich, da die Konkurrenz vielfältig und hart ist.

Macht man sich die Einflussfaktoren auf den Unternehmenserfolg klar, so sind neben den Kunden und den eigenen Ressourcen natürlich die Mitarbeiter zu nennen, die möglichst effektiv und flexibel in wertschöpfende Prozesse eingebunden sind.
Umso mehr muss zunächst das Führungsteam eines Unternehmens hinter den Maßnahmen zu TQM stehen und ein Instrumentarium entwickeln, das gefestigte Prozesse ermöglicht, aber auch flexibel auf die Anforderungen des Marktes reagieren kann. Dennoch kann es kein Einheitsmodell geben und der Erfolg wird immer auch wesentlich von kreativen Entscheidungen geprägt sein.

Entscheidend ist folglich die Einstellung bzw. Geisteshaltung, die sich wesentlich in der Zusammenarbeit auswirkt. Nicht wenige bezeichnen TQM deshalb auch als Führungsstil.

Die Mitarbeiter werden voll eingebunden und meist über Zielvereinbarungen geführt. Darüber hinaus muss sich bei jedem Mitarbeiter das Bewusstsein entwickeln, dass er auch innerhalb des Betriebes mit Kunden, den sogenannten „internen Kunden", zu tun hat.

Es besteht eine „Kunden-Lieferanten-Beziehung" zwischen ihm und der nachfolgenden Abteilung, die seine Arbeit übernimmt und weiterführt. Ein Werkstück wird beispielsweise erst in der Dreherei und dann in der Schleiferei bearbeitet.

Der Mitarbeiter wird nicht nur auf seine manuelle Tätigkeit reduziert, denn TQM kann nur funktionieren, wenn auch Kopf und Herz mitspielen.
Man muss die Ziele kennen, die Möglichkeit haben sie umzusetzen, aber vor allem auch den Willen, es zu tun.

Die entscheidend behindernden Faktoren
- Misstrauen,
- mangelnde Offenheit,
- Absicherungsmentalität,
- ergebnis- und nicht prozessorientiertes Denken

müssen aus der Unternehmenskultur entfernt werden. Auch mit dem häufig angeführten Argument „Wir haben dafür keine Zeit, wir müssen produzieren" wird verkannt, dass spätestens mittelfristig erheblich mehr Zeit eingespart als bei der Umsetzung investiert wird; vorausgesetzt man geht auf diesem Weg kontinuierlich weiter und verlässt den Pfad des „Trouble-shootings" zugunsten strategischer Entscheidungen. Rein renditeorientierte Entscheidungen großer Kapitalgesellschaften zur Verringerung der Belegschaft wirken hier häufig kontraproduktiv.

Nachfolgende Darstellung versucht TQM als Managementkonzept darzustellen, wobei intern ein immerwährender Verbesserungsprozess ablaufen muss.

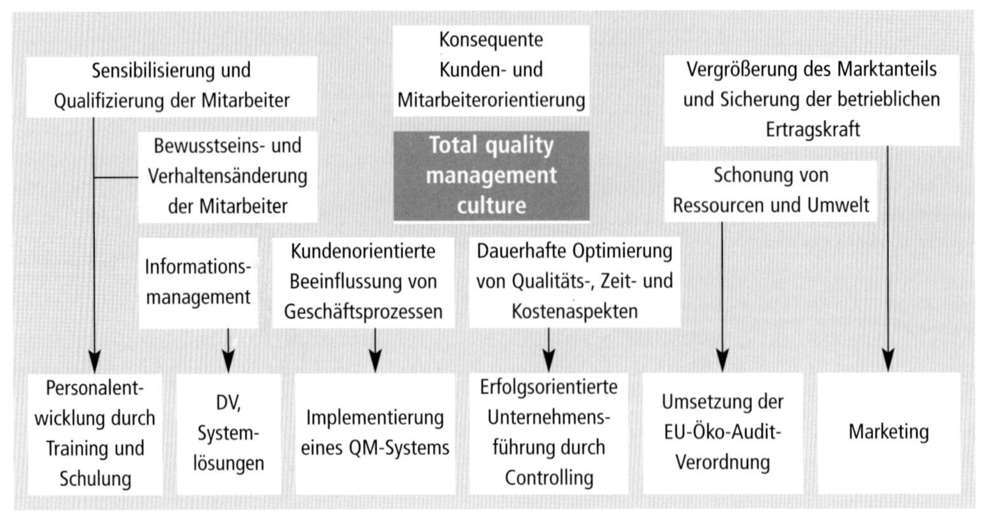

Bild 16: TQM als Managementmodell

Die Teilnahme an Qualitätspreisen, in Deutschland z. B. der Ludwig-Erhard-Preis, auf europäischer Ebene der EFQM Excellence Award oder international beispielsweise der Malcolm Baldridge Award, ermöglichen eine Rückmeldung von außen und den Vergleich mit anderen qualitätsorientierten Unternehmen.
Das EFQM-Modell evaluiert dabei genau die eben angestellten Überlegungen anhand des folgenden Schemas, das auch **RADAR**-Logik genannt wird:

1. Schritt	**R**esults:	Das Unternehmen bzw. die Organisation definiert die Ergebnisse, die mit ihrer Vorgehensweise erreicht werden sollen.
2. Schritt	**A**pproach:	Die Organisation hat Methoden und Wege zur Umsetzung dieser Zielsetzungen zu planen und festzulegen.
3. Schritt	**D**eployment:	Die Planung muss sicher und nachhaltig umgesetzt werden.
4. Schritt	**A**ssessment und **R**eview:	Die Umsetzung wird überprüft und bewertet, Verbesserungsmaßnahmen werden abgeleitet und eingeführt.

Zunächst erstellen die am EFQM-Modell teilnehmenden Organisationen eine Selbstbewertung auf der Basis nachstehenden Schemas. Dabei fließen Befragungen von Kunden und Mitarbeitern in das Ergebnis ein.

Die Prozentangaben beschreiben den jeweiligen Einfluss des Einzelkriteriums auf das Gesamtergebnis.

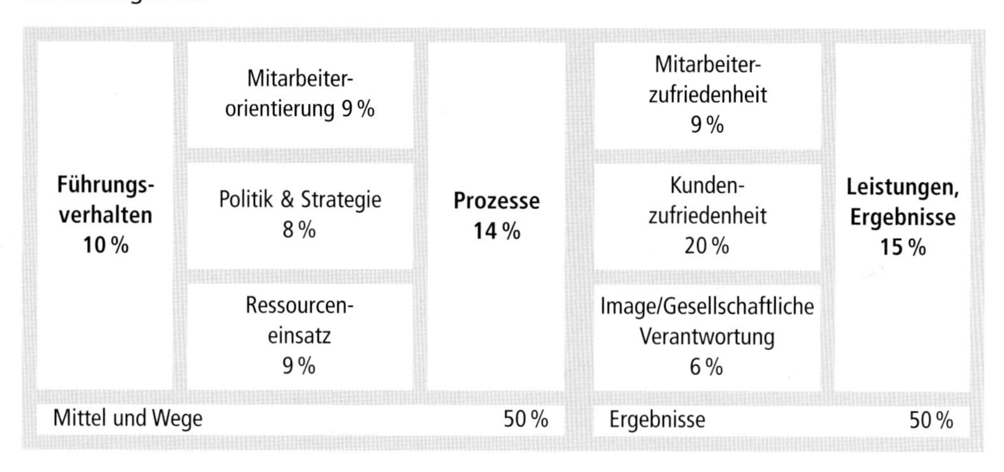

Bild 17: Das TQM-Modell der European Foundation for Quality Management

Folglich entfallen jeweils 50% auf Strategie und Umsetzung und 50% auf die Ergebnisse. Erfolgreich ist ein Unternehmen nur, wenn es selbst den Erfolg seiner Maßnahmen überprüft und die Ergebnisse im Rahmen eines kontinuierlichen Verbesserungsprozesses immer wieder optimierend einfließen lässt.
Speziell ausgebildete Fachleute ermitteln die Gesamtbewertung und eine Jury legt die Finalisten fest. Diese Organisationen werden nochmals bewertet und die Preisträger ermittelt.

Zur Orientierung sei erwähnt, dass es 1000 zu erreichende Punkte gibt und dass ein Zertifikat nach DIN EN ISO 9001 etwa für 300 Punkte ausreicht. Daran wird deutlich, dass höchste Anforderungen gestellt werden.
Die Teilnehmer erhalten aber auf jeden Fall aufgrund der Bewertung neutrale Rückmeldungen über Stärken und Schwächen ihres Systems. Darüber hinaus ist der Vergleich mit den besten Organisationen des Landes, unabhängig von der Branche, möglich. Soll dieser Vergleich auf internationaler Ebene stattfinden, gibt es z. B. den von der EFQM selbst ausgelobten „European Excellence Award". Nachdem sich in den 90er Jahren deutsche Unternehmen eher im Niemandsland dieser Auszeichnungen befunden haben, gehören sie inzwischen regelmäßig zu den Gewinnern.

Die folgende Darstellung zeigt den Versuch der Verknüpfung des Qualitätsmanagementmodells mit dem Kaizenkreisel nach Deming und der Auditierung nach der RADAR-Logik.

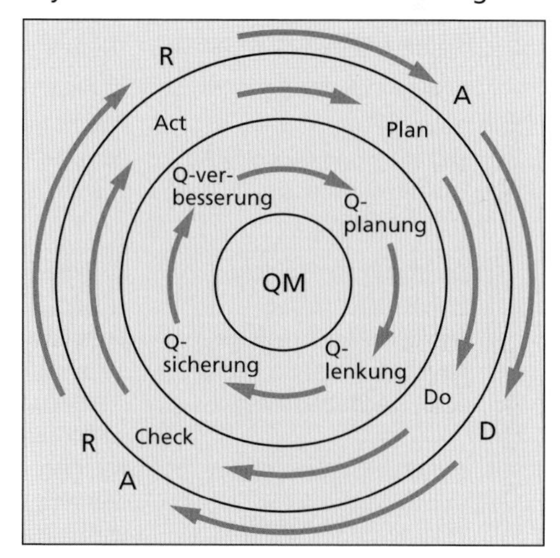

Bild 18: Regelkreis im TQM

Ein inzwischen weit verbreitetes und durchaus erfolgreiches Methodenpaket im Rahmen von TQM ist das „**Six Sigma**"-Vorgehen.

Es handelt sich dabei um ein System von Regeln und Methoden, mit dem Ziel die „Performance" des Unternehmens zu verbessern.

So sollen:
- Fehler dauerhaft eliminiert, zumindest aber reduziert werden:
  Six Sigma ⇒ $c_p/c_{pk} = 2$ ⇒ Fehlerquote von 3,4 ppm,
- Kundenzufriedenheit verbessert werden,
- Produktivität gesteigert werden und
- höhere Gewinne erzielt werden.

Der finanzielle Aspekt wird erstmals ausdrücklich als Ziel aufgeführt, obwohl er natürlich in der Marktwirtschaft auch bei allen bisherigen Bestrebungen von entscheidender Bedeutung war. Da aber als Hauptzielrichtung nur die Erhöhung der Kundenzufriedenheit angegeben wurde, hat man vielleicht die bisherigen Qualitätsansätze als unnötig bzw. scheinheilig eingestuft und deshalb oft nicht ernst genommen.

Six Sigma ist nichts absolut Neues, aber auch mehr als Altbekanntes mit neuem Namen.

Die Methode wurde in den 80ern bei Motorola in den USA entwickelt und seit Mitte der 90er Jahre von den übrigen Großunternehmen mehr und mehr übernommen. 1994 wurde als erste diesbezügliche Weiterbildungseinrichtung die Six Sigma Academy in Arizona gegründet. Heute ist dieser Qualitätsansatz beispielsweise in der amerikanischen Automobilindustrie Standard. In Europa begann die Verbreitung um die Jahrtausendwende in erster Linie durch die Töchter der amerikanischen Konzerne.

Ähnlich der bereits behandelten KAIZEN- bzw. KVP-Philosophie durchläuft die Prozessuntersuchung nach Six Sigma mehrere Phasen.

	Ziele	Kernfragen	Werkzeuge
Definieren	Darstellung des betrachteten Prozesses Festlegen des Projektziels Rekrutierung des Projektteams	Was ist das Ziel? Wer ist mein Kunde? Was stört ihn? Wie hoch sind die aktuellen Kosten?	z. B. Flussdiagramm Ursache-Wirkungs-Matrix
Messen	Festlegen von Prozessmessgrößen Identifizierung der Einflüsse Ermittlung der aktuellen Prozessleistung	Wie funktioniert mein Prozess? Welche Input/Output-Größen haben den größten Einfluss? Wie gut ist mein Prozess momentan?	z. B. Flussdiagramm Messmittelfähigkeiten Ishikawa-Diagramm FMEA
Analysieren	Ermittlung der Problem- bzw. Fehlerursachen Erstellen einer Rangfolge Absicherung der Rangfolge durch die Prozessdaten	Sind die richtigen Einflussgrößen erkannt? Beeinflussen sich die Größen gegenseitig? Welche quantitative Änderung erreiche ich im Output, wenn ich den Input ändere? Wie viele Untersuchungen sind nötig, um zuverlässige Schlussfolgerungen zu ziehen?	z. B. Flussdiagramm Grafische Methoden Korrelation und Regression

	Ziele	Kernfragen	Werkzeuge
Verbessern	Festlegen der Veränderungen Verbesserung, möglichst Erreichen des Optimums nach der Veränderung	Wie verändere ich im Einzelnen, um das optimale Ergebnis zu erzielen? Wie viele Tests muss ich machen, um vom Erfolg der Maßnahmen überzeugt sein zu können?	z. B. Flussdiagramm Simulation Testverfahren
Regeln	Umsetzen der Verbesserung als Standard für alle gleichen Prozesse im Unternehmen Installieren eines Regelkreises zur Erhaltung der Verbesserung Information aller betroffener Mitarbeiter	Wie kann man sicherstellen, dass die Verbesserungsmaßnahme auf Dauer greift? Wie kann ich diesen Zustand auch trotz Veränderung äußerer Rahmenbedingungen (Mitarbeiter, Kunden, Maschinen usw.) sicherstellen? Welche Kontrollen ermöglichen einen jederzeitigen Nachweis?	z. B. Statistische Prozessregelung (SPC) Kontrollpläne Vorbeugende Instandhaltung

Bild 19: Six-Sigma-Systematik

Die fünf Phasen werden durch die Anfangsbuchstaben der englischen Begriffe als „**DMAIC**" gekennzeichnet:

- **D**efine (Definieren)
- **M**easure (Messen)
- **A**nalyse (Analysieren)
- **I**mprove (Verbessern)
- **C**ontrol (Regeln)

Die in der Übersicht (s. Bild 19) erläuterten Zusammenhänge erheben vor allem bezüglich der einzusetzenden Werkzeuge keinen Anspruch auf Notwendigkeit oder Vollständigkeit. Dennoch wird deutlich, dass überwiegend bekannte Werkzeuge (s. 1.7) zum Einsatz kommen, die in unterschiedlicher Kombination auf die jeweilig konkreten Prozesse angewendet werden.

Neu ist jedoch die, im Vergleich zu den oft allgemeinen Grundsätzen von TQM, konsequente Zielfokussierung.

Im Unternehmen werden sehr sorgfältig Erfolg versprechende Projekte ausgewählt, die in einem überschaubaren Zeitfenster von etwa drei Monaten realisiert werden sollen. Grundlage für die Auswahl bilden z. B. Reklamationen, Erkenntnisse über interne Fehler (Nacharbeit, Schrott), interne bzw. externe Kundenbefragungen usw.

Die Projektleiter, sog. Blackbelts, haben eine umfangreiche Schulung durchlaufen und werden idealerweise zur Vollzeitbetreuung ihrer Projekte zwei Jahre freigestellt. Darüber hinaus erhalten sie bezüglich notwendiger Ressourcen und der Umsetzung von Veränderungen die volle Unterstützung der Geschäftsleitung. So werden Projektmitarbeiter zu „Greenbelts" geschult und das gesamte Unternehmen sollte eine Struktur erhalten, die jederzeit und nahezu überall Datenerhebungen ermöglicht. Doch ohne die persönliche bzw. soziale Kompetenz der Blackbelts wird sich kein Erfolg einstellen.

Dieser Erfolg jedoch ist der Maßstab, an dem der Blackbelt bzw. das gesamte Projektteam gemessen werden.

Dabei reichen indirekt nachweisbare Verbesserungen, sog. Soft-Savings, wie Imagegewinn o.Ä., nicht aus. Vielmehr werden konkrete Kostensenkungen bezüglich des Gesamtprojektes ermittelt und sollten etwa 500 000 EUR pro Projekt betragen.
Motorola spricht von einem Einsparungsvolumen von 15 Mrd US-Dollar in 11 Jahren, General Electric von 2 Mrd US-Dollar allein in 1999.
Mögliche Faktoren für den Erfolg könnten sein:
- die straffe Projektierung,
- die zeitliche und inhaltliche Überschaubarkeit,
- die absolute Prozess- bzw. Datenorientierung,
- die gezielte Erfassung und Auswertung von internen und externen Kundenäußerungen,
- die konsequente Profitorientierung,
- die Implementierung von Qualitätsbewusstsein durch Schulung von mindestens 1 % der Mitarbeiter zu „Blackbelts" und etwa 10 % zu „Greenbelts",
- die Erkenntnis, dass es sich bei Six Sigma um ein konkretes Werkzeug und nicht um eine abstrakte Philosophie oder ein Ziel handelt.

Abschließend ist anzumerken, dass entscheidend für den Erfolg von TQM weniger das „Wie" der Umsetzung ist als vielmehr die grundsätzliche Überzeugung aller Mitarbeiter. Da sich die Rahmenbedingungen ständig verändern, ist durchaus auch ein kleinschrittiges, für jeden transparentes Vorgehen erfolgversprechend, solange es kontinuierlich vorangetrieben wird und die Mitarbeiter vom Sinn überzeugt sind.

Kontrollfragen:

1 | Erläutern Sie die Philosophie, die hinter TQM steht.

2 | Welche Möglichkeiten gibt es über die Zertifizierung hinaus, Rückmeldungen über das eigene Qualitätsmanagementsystem zu erhalten?

3 | Erläutern Sie die Abkürzung EFQM.

4 | Beschreiben Sie in Stichworten die Six-Sigma-Idee.

1.7 | Werkzeuge im Qualitätsmanagementsystem

Um die Ansprüche aus dem Total Quality Management (TQM) in der Praxis umsetzen zu können, bedarf es einer Reihe von Hilfsmitteln, die an verschiedenen Stellen des Produktzyklusses eingesetzt werden. Neben den stellvertretend hier vorgestellten „Seven Tools", der „FMEA" und der „Lieferantenbewertung", sei vor allem noch die „Statistische Prozessregelung (SPC)" erwähnt, die im zweiten Teil des Buches ausführlich behandelt wird. Auch wenn die Lieferantenbewertung offiziell nicht zu den Werkzeugen von TQM zählt, soll sie an dieser Stelle aufgeführt werden, da sie eine notwendige Voraussetzung für ein in sich geschlossenes Qualitätsmanagementsystem darstellt.

1.7.1 | Die Seven Tools

Die „Seven Tools" sind nahezu universell einsetzbar. Sie dienen der Problemerkennung bzw. -analyse und sind damit entscheidende Voraussetzung für Verbesserungen.
Idealerweise sind diese Werkzeuge leicht zu erstellen, bieten aber entscheidende Einblicke. Deshalb sind sie ausnahmslos grafisch orientiert.

Zu nennen sind:

- Flussdiagramm
- Pareto-Diagramm
- Ishikawa-Diagramm
- Matrixdiagramm
- Baumdiagramm
- Histogramm
- Streudiagramm

Ein Flussdiagramm macht einen Prozess- oder Arbeitsablauf sichtbar. Als Beispiel sei auf den Ablauf der Erstzertifizierung (s. Bild 15) verwiesen.

In der „ABC-“ oder „Pareto-Analyse“ wird z. B. eine grafische Fehlerrangfolge aufgezeigt, indem die Fehlerursachen in Abhängigkeit ihrer Auftretenshäufigkeit als Säulen dargestellt werden.

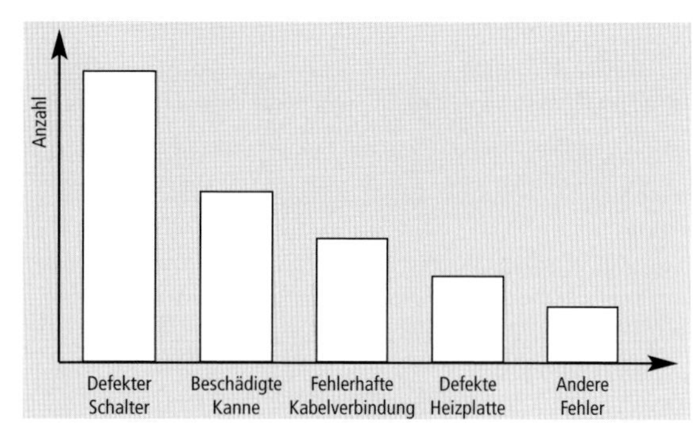

Bild 20: Qualitative Pareto-Analyse

Die in Bild 20 am Beispiel einer Kaffeemaschine erstellte Analyse erleichtert aufgrund der ermittelten Rangfolge Maßnahmen zur Qualitätsverbesserung. Dieser Methode liegt die Erkenntnis des italienischen Volkswirts Vilfredo Pareto (1848-1923) zugrunde, dass für rund 80 % der Fehler nur 20 % der Fehlerursachen verantwortlich sind.
Hier würden ein überarbeiteter Schalter und eine verbesserte Verpackung einen großen Teil der Beanstandungen abdecken. Es wäre auch möglich, die Fehler nicht nach Anzahl ihres Auftretens, sondern anhand der Fehlerkosten zu bewerten. Danach ergäbe sich möglicherweise eine andere Rangfolge.

Dennoch werden die Qualitätsergebnisse nie konstant, sondern schwankend sein, da auf die Produktion verschiedene Störgrößen einwirken. Ursachen dafür sind die am Fertigungsprozess beteiligten Parameter, die sogenannten „6M“. (Wird die Messbarkeit von der Methode abgekoppelt, sind es 7M):

- Mensch
- Methode (– Messbarkeit)
- Maschine
- Material
- Management
- Mitwelt

Diese Einflüsse werden bereits im Vorfeld der Fertigung (Qualitätsplanung) mithilfe des „Fischgräten-“ oder „Ishikawa-Diagramms“ untersucht. Aufgrund des Aufbaus ist es auch als „Ursache-Wirkungs-Diagramm“ bekannt.

In Bild 21 ist ein auf „5-M“ reduziertes Beispieldiagramm dargestellt:

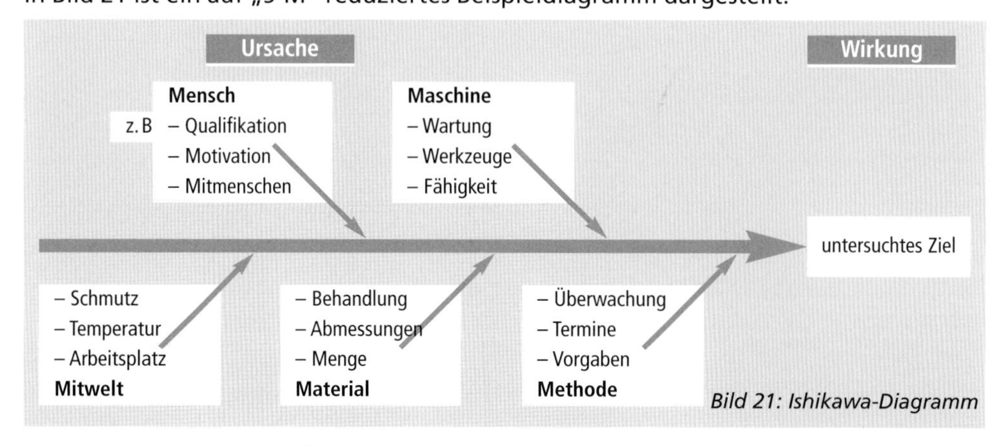

Bild 21: Ishikawa-Diagramm

Das Matrixdiagramm bietet die Möglichkeit, scheinbar gleichgewichtige Kriterien in eine Rangfolge zu bringen. Geht es beispielsweise um die Beweggründe eines Kunden, die zum Kauf eines bestimmten Pkw führen, werden immer wieder Preis, Sicherheit, Verbrauch, Verarbeitung, Unterhalt, Komfort und Design genannt.
Diese Kriterien werden zeilen- und spaltenweise in das Matrixdiagramm eingetragen und im direkten Paarvergleich, Zeile mit Spalte, bewertet.

Kriterien	Preis	Sicherheit	Verbrauch	Verarbeitung	Unterhalt	Komfort	Design	Summe	Rang
Preis	X	0	0	2	0	2	2	6	**4.**
Sicherheit	2	X	2	2	2	2	2	12	**1.**
Verbrauch	2	0	X	2	0	2	2	8	**3.**
Verarbeitung	0	0	0	X	0	0	2	2	**6.**
Unterhalt	2	0	2	2	X	2	2	10	**2.**
Komfort	0	0	0	2	0	X	2	4	**5.**
Design	0	0	0	0	0	0	X	0	**7.**

Bild 22: Matrix-Diagramm

Ist das Zeilenkriterium wichtiger, wird eine 2 notiert, ist das Spaltenkriterium wichtiger, schreibt man die 0. Nach Durcharbeitung der gesamten Matrix, werden die Zeilen aufaddiert und es ergibt sich eine Rangfolge, abhängig von der Größe der Summe.

Das Baumdiagramm dient zur Darstellung von Prozessgliederungen, Maßnahmenstrukturen o. Ä. Dabei wird vom Groben zum Feinen untergliedert.

Im Vordergrund steht beispielsweise ein Gesamtziel, dessen Erreichen von verschiedenen Teilzielen abhängt. Die Erreichung dieser Teilziele wiederum steht in direktem Zusammenhang mit der Durchführung bestimmter Maßnahmen.

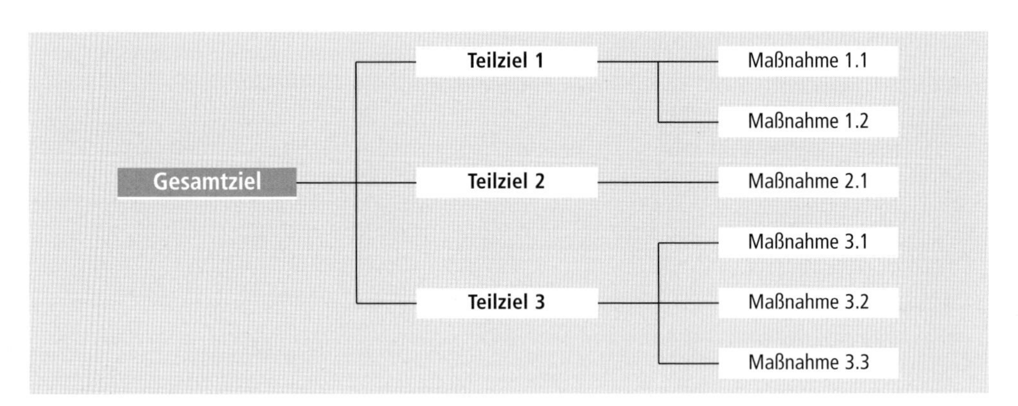

Bild 23: Baum-Diagramm

Das Histogramm setzt Häufigkeiten von Ereignissen (z. B. Fehlern) oder Messwerten maßstäblich in ein Säulendiagramm um.

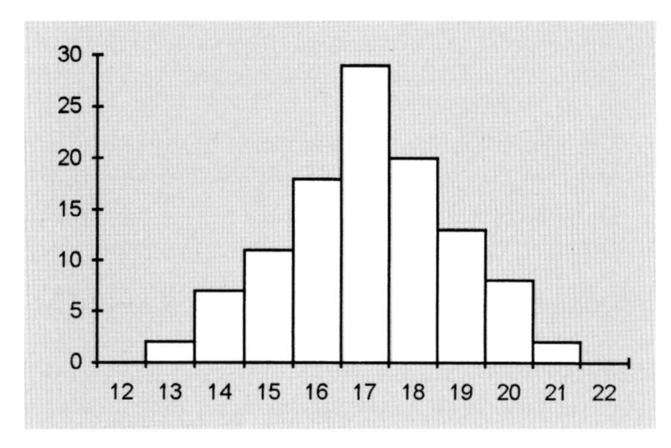

Bild 24: Histogramm (Balkendiagramm)

Das Streudiagramm wird auch Korrelationsdiagramm genannt und hilft Beziehungen zwischen zwei Merkmalen aufzudecken. Dazu werden auf die beiden Achsen eines Koordinatensystems die beiden Merkmale, z. B. Kohlenstoffgehalt und Festigkeit eines Stahls, aufgetragen und die ermittelten Wertepaare als Punkte markiert. Hier ergäbe sich eine stetig steigende Punkteschar, d. h. je höher der Kohlenstoffgehalt ist, desto höher auch die Festigkeit.

Man würde prüfen, ob ein einfacher linearer Zusammenhang besteht und hätte dann die Möglichkeit, im betrachteten Wertebereich jedem Kohlenstoffgehalt eine Festigkeit direkt zuzuordnen. Lässt sich die Abhängigkeit nicht durch eine Geradengleichung beschreiben, liefert die Punkteschar vielleicht Hinweise, welches mathematische Modell im jeweiligen Fall zutrifft.

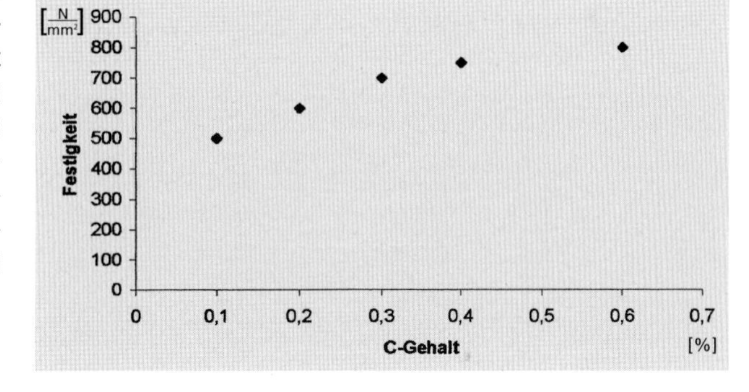

Bild 25: Streudiagramm

Kontrollfragen:

1 | Wozu braucht man grafische Werkzeuge im Qualitätsmanagementsystem?

2 | Geben Sie drei Vertreter der „Seven Tools" an und erläutern Sie einen näher.

3 | Erstellen Sie ein „Ursache-Wirkungs-Diagramm" für ein defektes Gasfeuerzeug.

1.7.2 | Die Fehlermöglichkeits- und -einflussanalyse (FMEA)

Zu der Gruppe der Fehleranalyse-Werkzeuge gehört neben dem bereits erwähnten „Ishikawa-Diagramm" die Fehlermöglichkeits- und -einflussanalyse (FMEA). Sie bietet überdies die Möglichkeit der Fehlerprävention, da sie vor den jeweiligen Prozessschritten durchgeführt wird. Sie unterstützt damit ein wesentliches Ziel modernen Qualitätsmanagements:

> von der Fehlerkorrektur zur Fehlerprävention.

Grundsätzlich unterscheidet man drei Arten der FMEA:

- Die System-FMEA untersucht das funktionsgerechte Zusammenwirken der Systemkomponenten.
- Die Konstruktions-FMEA untersucht die pflichtenheftgerechte Gestaltung und Auslegung der Erzeugnisse bzw. Komponenten.
- Die Prozess-FMEA untersucht die zeichnungsgerechte Prozessplanung und -ausführung der Erzeugnisse und Komponenten.

Insgesamt soll sichergestellt werden, dass die Qualität des Endproduktes den Erwartungen des Kunden entspricht. Dazu wird die Durchführung einer FMEA an einem standardisierten Formular und einem fest strukturierten Arbeitsplan orientiert.

QUALITÄTSSICHERUNG		* -FMEA Erzeugnis: Sach-Nr.:								Seite Abt. FMEA-Nr. Datum		
NR.	KOMPONENTE PROZESS	FUNKTION ZWECK	FEHLER-ART	FEHLER-AUSWIRKUNG	FEHLER-URSACHEN	FEHLER-VERMEIDUNG	FEHLER-ENTDECKUNG	S S	– A	E E	SxE RZ	MASSNAHMEN V:/T:

S = Schwere des Fehlers
V = Verantwortlichkeit
* System, Konstruktion, Prozess

A = Auftretenswahrscheinlichkeit
T = Einführungstermin

E = Entdeckungswahrscheinlichkeit

Risikozahl RZ = S x A x E

Bild 26: Das FMEA-Formular

Der Arbeitsplan beinhaltet folgende Ablaufschritte:

Schritt 1: Vorbereitung und Planung

Für den effizienten Ablauf der FMEA ist die gründliche Projektvorbereitung und -planung von großer Bedeutung, weil damit der Teamaufwand minimiert werden kann.

Schritt 2: Analyse potenzieller Fehler

Von den Funktionen der Komponenten beziehungsweise der Prozesse werden die denkbaren Fehlerarten abgeleitet. Dies setzt eine genaue und vollständige Beschreibung der Funktionen und Eigenschaften voraus. Zu den Fehlerarten werden Fehlerursachen und alle denkbaren Auswirkungen auf das System ermittelt. Für den Ist-Zustand analysiert man alle bereits realisierten Maßnahmen, die das Auftreten des Fehlers erschweren oder seine Entdeckung verbessern.

Schritt 3: Risikobewertung

Bei der Risikobewertung werden die Schwere der Auswirkung S, die Auftretenswahrscheinlichkeit A sowie die Entdeckungswahrscheinlichkeit E des Fehlers jeweils mit

Bewertungszahlen von 10 bis 1 bewertet.
Das Produkt S · A · E ergibt die Risikoprioritätszahl RZ, die eine relative Priorität der einzelnen Fehlerursachen ausweist. Für Risikozahlen > 125 sind Verbesserungsmaßnahmen einzuführen. Bei Einzelbewertungen für S, A und E > 8 sind ebenfalls Verbesserungsmaßnahmen einzuführen.

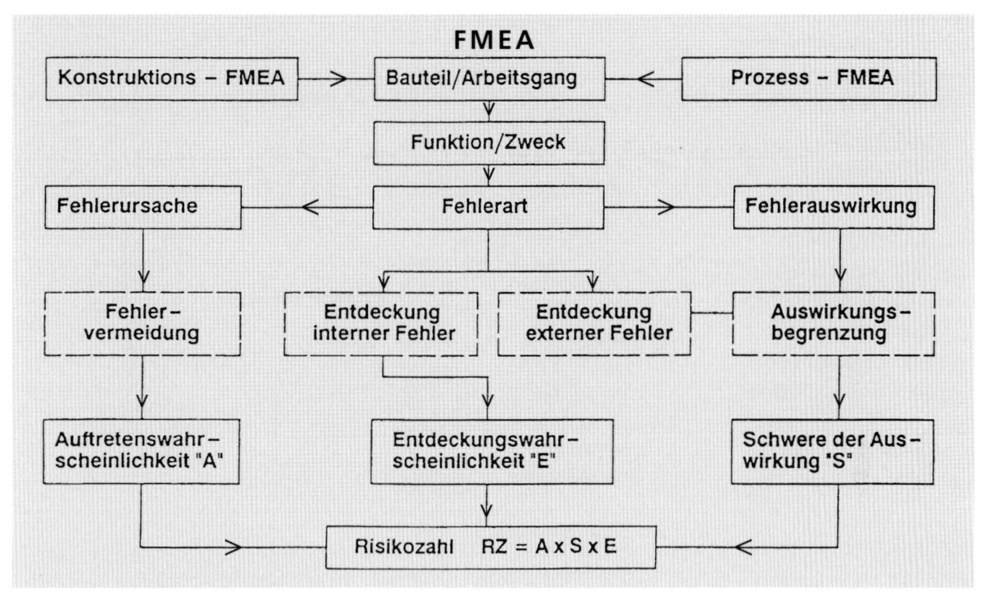

Bild 27: Die FMEA-Methodik

Schritt 4: Qualitätsverbesserung
Für die Suche nach Verbesserungsideen ergeben sich aus der FMEA-Bewertung verschiedene prinzipielle Ansatzpunkte, zum Beispiel:
- das Vermeiden der Fehlerursache,
- die Reduzierung der Auftretenswahrscheinlichkeit,
- die Reduzierung der Schwere der Auswirkung,
- die Erhöhung der Entdeckungswahrscheinlichkeit.

Prüfmaßnahmen sind nicht qualitätsverbessernd. Den fehlervermeidenden Maßnahmen ist grundsätzlich Vorrang zu geben.

Schritt 5: Bewertung und Auswahl
Aus einer Vielzahl von Verbesserungsideen wird nun die jeweils geeignetste, das heißt hinsichtlich der Risikozahl ausreichend reduzierte, kostengünstige und kurzfristig realisierbare Maßnahme, ausgewählt.

Schritt 6: Einführungsplan für ausgewählte Maßnahmen
Die ausgewählten Maßnahmen werden als einzuführende Maßnahmen aufgeführt und mit Angaben über Verantwortlichkeit und Einführungstermin versehen. Nach Einführung der Verbesserungsmaßnahmen wird die FMEA aktualisiert.

Natürlich kostet diese Verfahrensweise zunächst Geld, aber letztlich ist sie kostenreduzierend.

Die Qualitätskosten machten Mitte der 80er Jahre etwa 15 % der Herstellkosten aus und setzten sich in der Regel aus drei Anteilen zusammen:
- Fehlerkosten,
- Fehlerverhütungskosten und
- Prüfkosten.

Man sieht, dass die Fehlerverhütungskosten vernachlässigbar klein sind. Gelingt es jedoch damit, die Fehlerkosten zu reduzieren, wirkt sich das bei konstanten Fertigungskosten direkt auf den Gewinn aus.

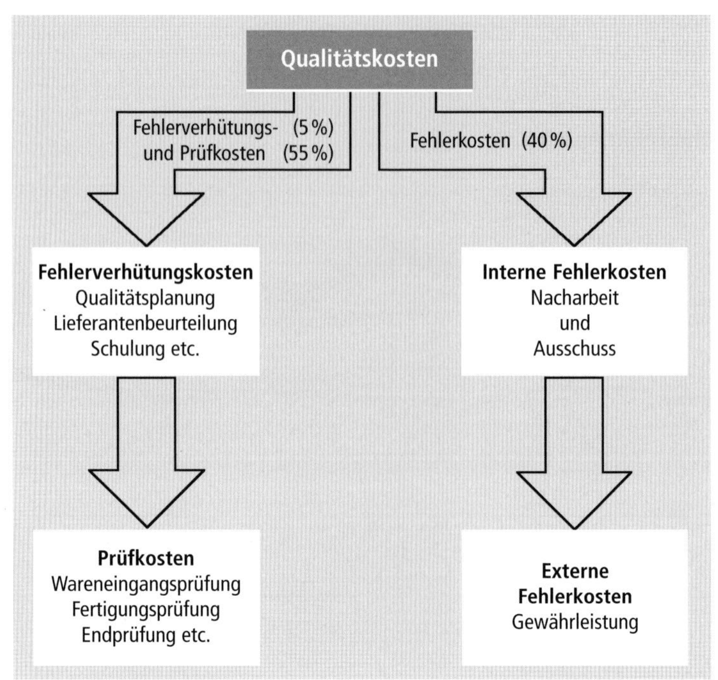

Bild 28: Qualitätskosten

Umgekehrt erhöhen sich die Kosten für Fehler drastisch, je später sie entdeckt werden (s. Bild 29).

Kostenwirksamkeit bei Anwendung von FMEA

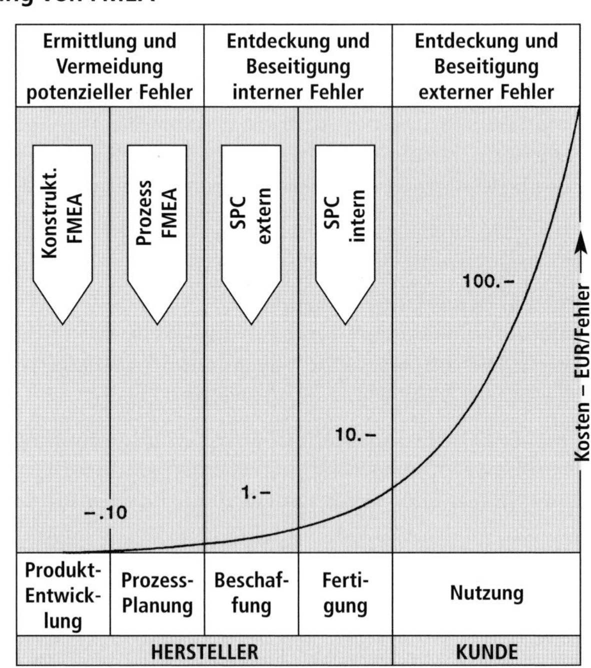

Bild 29: Kostenwirksamkeit nach der von Toshiaki Tagushi entdeckten „Rule of Ten" (Zehnerregel)

Die konsequente FMEA-Anwendung ermöglicht:

- eine Reduzierung von Fehlern in Entwicklung und Fertigung sowie bei der Nutzung von Produkten,
- eine Vermeidung von Fehlentwicklungen,
- das Ausschalten von Wiederholungsfehlern,
- die Reduzierung von Pannen und Produktivitätseinbußen und
- die Verringerung der Gefahr von Rückrufen.

Die Folge sind nicht nur Kosteneinsparungen, sondern auch: gutes Firmenimage

Die ursprünglich von der NASA entwickelte FMEA-Methode ist in vielen, vor allem sicherheitsrelevanten Branchen (z. B. Luft- und Raumfahrt, Automobil, Kernkraft, Medizintechnik, Nachrichtentechnik etc.) heute Standard. Möchte man nach Übersee, vor allem auf den amerikanischen Markt, liefern, ist die produktbegleitende FMEA ein unabdingbares Muss.

1.7.3 | Beispiel einer FMEA

Um mit der FMEA eine möglichst hohe Effektivität zu erreichen, das heißt Fehlermöglichkeiten weitgehend zu erkennen und zu vermeiden, ist ein hoher Detaillierungsgrad notwendig. Damit neben der Effektivität auch die Effizienz bei der Durchführung erhalten bleibt, ist die Anwendung von Selektions- und Straffungsansätzen zweckmäßig.

Diese Bauteile/Funktionen Matrix ist praktisch eine Verknüpfung der Spalten 2 und 3 des FMEA-Formblattes.

		1. Durchfluss sperren							2. Maximaldruck begrenzen											
		1 Ventil geschlossen halten	1.1 Ventilpatrone abdichten	2. Kräfte vergleichen	3. Schließkraft übertragen	4. Weg/Kraft wandeln	4.1 Feder führen	4.2 Feder zentrieren	1. Ventil öffnen	1.1 Flüssigkeit abführen	1.2 Ventilbewegung dämpfen	2. Öffnungskraft übertragen	3. Druck/Kraft wandeln	3.1 Kolben führen	3.2 Kolben abdichten	4. Druck zuführen	Summe kritischer Funktionen	Summe Hauptfunktionen	Summe Funktionen	Priorität für Weiterbearbeitung
1	O-Ring																			
2	Verschlussschraube	○	○	○	○	○	○		○					○			**1**	**5**	**8**	**4**
3	Gehäuse	○	○	○		○				○		○						**4**	**6**	
4	Verschlusskappe																			
5	Ventilpatrone	○	○	○	○		○	○	○	○	○		○	○	○	○	**2**	**6**	**13**	**2**
6	Dichtring		○	○					○						○			**2**	**4**	
7	Kugel			○											○			**1**	**2**	
8	Ventilkegel	○		○	○	○		○	○	○	○	○	○	○	○	○	**2**	**8**	**13**	**1**
9	Druckfeder	○		○	○	○	○	○	○			○		○			**1**	**6**	**9**	**3**
	Hauptfunktion	◎		○	○	○			◎			○	○			○				
	Kritische Auswirkung										9			10						
	Anzahl der Bauteile	**5**	**4**	**7**	**4**	**4**	**3**	**3**	**5**	**3**	**2**	**3**	**2**	**4**	**4**	**2**				

Bild 30: Bauteile/Funktionen Matrix

Mit der Selektion soll erreicht werden, dass:
- wesentliche Teile und Funktionen mit Priorität behandelt werden und Erkenntnisse über Risiken und Schwachstellen so früh wie möglich genutzt und an betroffene Stellen weitergegeben werden.
- eine sinnvolle und geplante Reihenfolge bei der Durchführung der FMEA möglich wird.
- unwesentliche Bauteile oder Funktionen evtl. begründet ausgeschlossen werden können.

Die Selektion kann erfolgen nach:
- Funktionen mit kritischen Auswirkungen (hier z. B.: Kolben führen → Kolben klemmt → Sicherheitsventil öffnet nicht → sicherheitskritische Auswirkungen infolge Überlastung)
- Bauteilen, die an Hauptfunktionen beteiligt sind (s. Summe Hauptfunktionen)
- Bauteilen, die an vielen Funktionen beteiligt sind, sogenannte Multifunktionsteile (z. B. Ventilkegel werden in der Matrix mit 13 Funktionen verknüpft)

Daraus würde sich beim gewählten Beispiel folgende Priorität für die FMEA-Durchführung ergeben:
1. Ventilkegel, 2. Ventilpatrone, 3. Druckfeder, 4. Verschlussschraube usw.

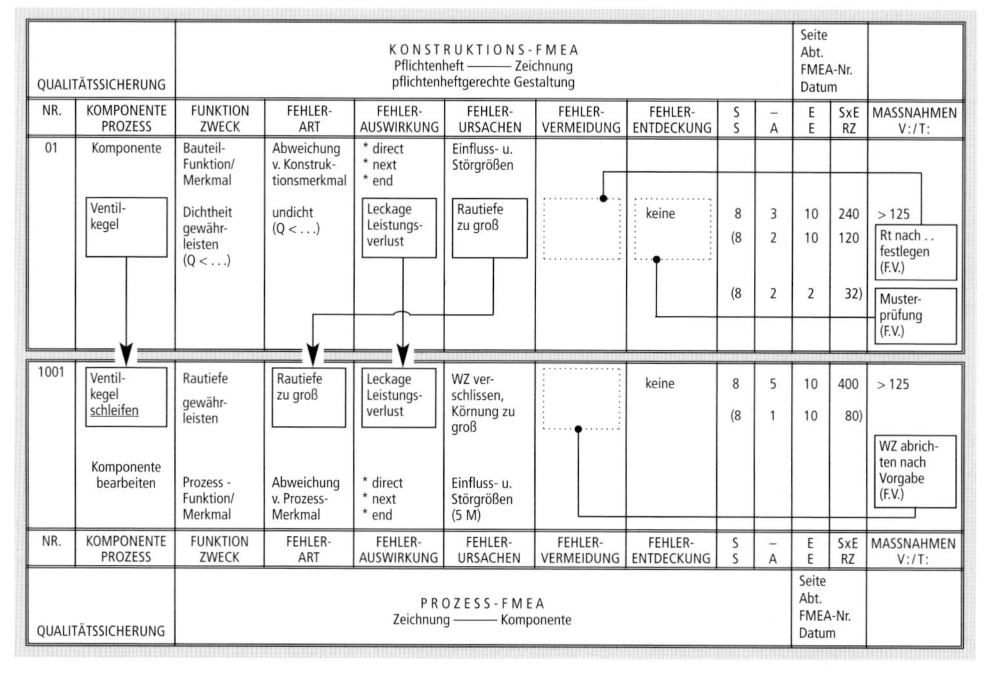

Bild 31: Beispiel Konstruktions-/Prozess-FMEA

Für jedes Teil können dann die Funktionen in der Reihenfolge „kritische Funktionen", „Hauptfunktionen", „weitere Funktionen" abgearbeitet werden, d. h. mithilfe der schon angesprochenen FMEA-Formulare behandelt werden.

Das vorstehende Bild 31 zeigt einen zugehörigen, möglichen Auszug aus einer Konstruktions-FMEA und den methodischen Zusammenhang zur Prozess-FMEA.

Die FMEA-Methode ist natürlich nur ein Baustein im System der Qualitätssicherung. Sie wird meist rechnergestützt durchgeführt, um die Arbeit und Dokumentation zu erleichtern.

Entscheidend ist jedoch hier wie bei allen anderen Verfahren, dass nicht nur Papierberge erzeugt werden, um eine Daseinsberechtigung für die Abteilung „Qualitätsmanagement" zu liefern, sondern die Erkenntnisse in konkrete Maßnahmen zur Qualitätsverbesserung umgesetzt werden.

Kontrollfragen:

1 | Erklären Sie den Unterschied zwischen einer Konstruktions- und Prozess-FMEA.

2 | Erläutern Sie den Unterschied zwischen einem Ursache-Wirkungs-Diagramm und einer FMEA.

3 | Nennen Sie die vier Ansatzpunkte, auf die sich qualitätsverbessernde Maßnahmen bei der FMEA zurückführen lassen.

4 | Geben Sie je drei Beispiele für Fehler- und Fehlerverhütungskosten an.

5 | Erläutern Sie die in Bild 29 dargestellte „Rule of Ten".

1.7.4 | Lieferantenbewertung

Da gemäß der veränderten Produkthaftung der Baugruppenhersteller für die Qualität seiner Zulieferer mitverantwortlich ist, kommt der Lieferantenauswahl bzw. seiner Bewertung höchste Bedeutung zu. Folglich durchläuft der potenzielle Lieferant ein umfangreiches Auswahlverfahren, bis er beispielsweise in der Automobilindustrie eine Zusage erhält.

Der Lieferant muss zu jeder Zeit der Geschäftsbeziehung dem Abnehmer Qualität nachweisen:

Vor der Auftragserteilung
- durch Selbstbewertung nach vorgegebenen Kriterien,
- durch Zertifizierung nach DIN EN ISO 9000-9004,
- durch Audits, d.h. Einschätzung und Beurteilung des Qualitätssicherungssystems,
- durch Beurteilen der Vorgeschichte bei ähnlichen Waren,
- durch Prüfergebnisse bei ähnlichen Waren,
- durch Erfahrungen anderer Anwender

Nach der Konstruktion
- durch Beurteilung von Erstmustern

Nach dem Serienbeginn

- durch Feststellen der Fehlerquote
- durch Gewichtung der Fehler bzw. Häufigkeit des Produktionsstillstandes

Folgender Ablauf zeigt beispielhaft ein mögliches Zulassungsverfahren:

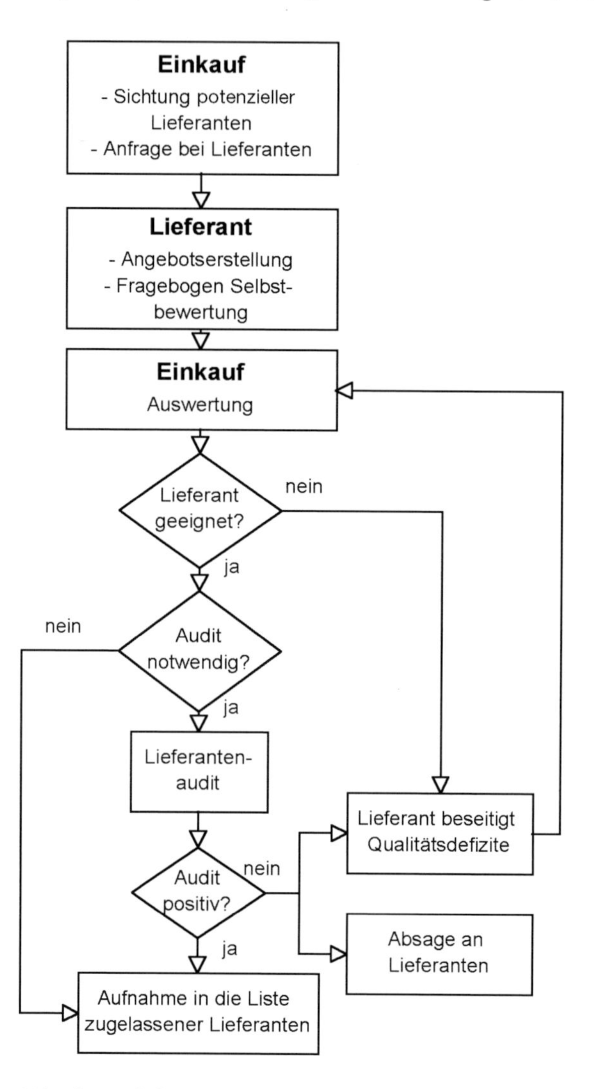

Bild 32: Möglicher Ablauf zur Lieferantenauswahl

Die nach diesen Kriterien ermittelte Bewertung führt zu einer Einstufung des Zulieferers als A-, B- oder C-Lieferant. Diese Einstufung ist aber durchaus dynamisch zu verstehen, da Lieferzuverlässigkeit und Produktqualität in der Folgezeit weiter beobachtet werden.

Da der Großkunde anstrebt, keine Wareneingangsprüfung mehr durchzuführen, ist der Zulieferer vollständig selbst verantwortlich für die Produktqualität. Ausnahmen von dieser Regel finden sich nur bei Zulieferteilen, die für die Sicherheit des eigenen Produktes ausschlaggebend sind oder bei plötzlichen Qualitätseinbrüchen bestimmter Zulieferer. Meist wird vertraglich vereinbart, dass der Lieferant bei Nichteinhaltung der vereinbarten Qualität für die entstehenden Folgekosten aufkommen muss.
Die Lieferantenbewertung ist natürlich nur dann sinnvoll, wenn sie in ein umfassendes System eigener Qualitätsanstrengungen einmündet.

Kontrollfragen:

1 | Welches sind die drei wichtigsten Kriterien zur Auswahl eines Zulieferers?

2 | Geben Sie drei Möglichkeiten an, die Qualitätsfähigkeit eines Zulieferers zu beurteilen.

3 | Was versteht man unter Erstmuster?

4 | Sie stellen fehlerhafte Zulieferprodukte fest. – Welche Maßnahmen ergreifen Sie?

1.8 | Prüfen

Ein wesentlicher Bestandteil der Qualitätssicherung ist das Prüfen. Es kann als Maß-, Sicht- oder Funktionsprüfung mit oder ohne Hilfsmittel durchgeführt werden. Auf alle Fälle wird aber nicht wie früher nach der Fertigung durch einen Prüfer, sondern vom Werker selbst während der Fertigung kontrolliert. Man spricht von der sogenannten Werkerselbstkontrolle.

Das Ziel ist neben der sofortigen Fehlererkennung, die Abläufe zu rationalisieren und vor allem auch die Motivation der Mitarbeiter zu erhöhen. Der Werker vor Ort weiß um die Bedeutung seiner Arbeit im Gesamtprozess und ist für die Qualität seiner Arbeit direkt verantwortlich.

Qualität ist natürlich nicht direkt messbar, sondern meist nur über bestimmte Merkmale dank hochentwickelter Messtechnik festzustellen.

Ein Merkmal ist eine Eigenschaft zum Unterscheiden von Einheiten. Die Merkmalsarten bilden folgende Grundstruktur:

Merkmale			
quantitative		qualitative	
mess- bzw. zählbar		sichtbar	
stetige	diskrete	ordinale	nominale
messbar	Fehlerzahl	gut/schlecht	grün/gelb/rot

Bild 33: Einteilung der Merkmalsarten

Diese Merkmale können mit unterschiedlichen Methoden geprüft werden.

1.8.1 | Definition des Prüfens

Die DIN 1319 definiert Prüfen:

> Prüfen ist das Feststellen, ob der Prüfgegenstand eine oder mehrere vereinbarte, vorgeschriebene oder erwartete Bedingungen erfüllt.

Prüfen wird seinerseits untergliedert in Messen und Lehren:

	Messen	Lehren
Durchführung:	Vergleich der Messgröße mit der Maßverkörperung	Vergleich des Prüflings mit der Maßverkörperung
Aussage:	Der Messwert ist das Produkt aus Zahlenwert und Einheit.	Gut/Schlecht-Aussage*

- * Die **Gutlehre** muss auf Paarung prüfen. Die Einführkraft darf nicht zu hoch sein. Dabei muss die eingeschobene Lehre die gesamte Mantellinie des Messbereiches erfassen.
- Die **Ausschusslehre** sollte nur punktweise abtasten. Grenzlehren haben auf der Ausschussseite kürzere Längen. Formabweichungen werden nicht sicher erkannt.

Beispiele für Lehren:
- Grenzlehrdorn (für Bohrungen),
- Grenzrachenlehre (für Wellen),
- Radienlehre,
- Gewindelehre (für Innen- und Außengewinde) usw.

Beispiele für Messwerkzeuge:
- Stahlmaßstab (für Sägeschnitte o. Ä.),
- Messschieber,
- Bügelmessschraube (für Wellentoleranzen),
- Dreipunkt-Innenmessschraube (für Bohrungstoleranzen),
- Messuhr usw.

Beim Messen unterscheidet man zwei Methoden, die mittelbare oder indirekte und die unmittelbare oder direkte Messung. Direkt wird meist nur im Messraum gemessen. Dazu benötigt man Messgeräte mit großem Messbereich (z. B. Messmaschine).
Indirekt wird dagegen in der Fertigung gemessen (z. B. Messuhr oder Feinzeiger).

Ein Messergebnis wird jedoch erst nach Angaben der Messbedingungen wiederholbar und nachprüfbar. Dazu gehört eine Angabe über die Messunsicherheit. Sie beruht auf inneren Schwankungen im Messgerät. Der Hersteller gibt eine Garantieabweichungsgrenze an, die garantiert, dass bei festgelegten Bedingungen die Maßabweichungen mit meist 95 % Wahrscheinlichkeit innerhalb der gegebenen Grenzen liegt.

$$X_E = X \pm f_G$$

X_E ≡ Ergebniswert

X ≡ Messwert

f_G ≡ Schätzwert für die Messgeräteunsicherheit

Weitere wichtige Kenngrößen eines Messgerätes sind Empfindlichkeit und Umkehrspanne.
Die Empfindlichkeit eines Messgerätes ist der Quotient aus der Änderung von Eingangs- und Ausgangssignal.
Verschiebt sich der Zeiger z.B. um 1 mm, wenn sich der Messbolzen um 0,01 mm bewegt, so beträgt die Empfindlichkeit 100 : 1.

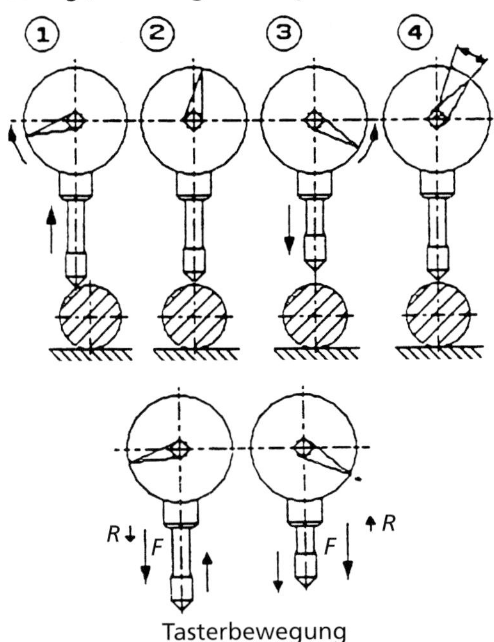

Der Unterschied zwischen der Anzeige auf dem zweiten und vierten Bild ist die Umkehrspanne.

P_1/P_2 ≡ Prüfkraft
R ≡ Reibkraft
F ≡ Federkraft

Messkraft

$P_1 = F + R$ $\qquad$ $P_2 = F - R$

$\Delta P = 2R$

Bild 34: Die Umkehrspanne an der Messuhr

Die Umkehrspanne ist die Differenz der Anzeige, die entsteht, wenn das Maß einmal von kleineren Werten her und einmal von größeren Werten her stetig oder schrittweise eingestellt wird.
Ursachen für die Umkehrspanne sind:
- Reibung,
- elastische Nachwirkungen,
- Hysterese etc.

Kontrollfragen:

1 | Unterscheiden Sie die Begriffe Messen und Lehren.

2 | Erläutern Sie den Prüfablauf mit einer Gut- bzw. Ausschusslehre.

3 | Eine Drehmomentprüfung ermittelt einen Wert von 8 Nm. Die Messgenauigkeit des Prüfmittels ist mit ± 3 % angegeben. Ermitteln Sie den korrekten Wert.

4 | Erläutern Sie den Begriff Umkehrspanne und geben Sie zwei mögliche Ursachen an.

1.8.2 | Spezielle Prüfverfahren in der Werkstoffkunde

Zerstörende Prüfverfahren, wie z. B. der Zugversuch, dienen zur Bestimmung von Werkstoffkenngrößen. Als Produktprüfung insbesondere in der Vollprüfung sind diese Verfahren ungeeignet. Hier muss auf zerstörungsfreie Prüfverfahren zurückgegriffen werden, wie z. B.

- **das Ultraschallprüfverfahren.**
  Das Gefüge eines Werkstückes kann mittels Ultraschallwellen auf Fehlstellen untersucht werden.
  Es gibt zwei Verfahren:
  1) Sender und Empfänger auf der gleichen Seite,
  2) Sender und Empfänger auf gegenüber liegenden Seiten.

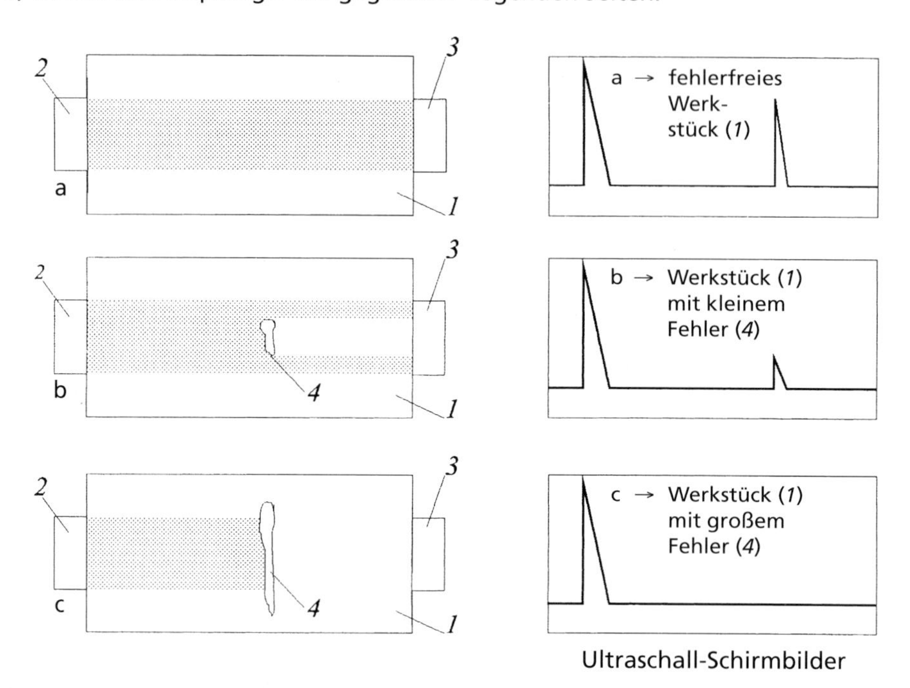

Bild 35: Durchschallungsprinzip mit getrenntem Sender- (2) und Empfängerprüfkopf (3)

In Bild 35 wird das zweite Verfahren gezeigt. Befindet sich im Gefüge eine Fehlstelle, z. B. ein Lunker, treffen nur die rechts und links vorbeiströmenden Wellen beim Empfänger ein. Die auf die Fehlstelle treffenden Schallwellen werden reflektiert, sodass am Empfänger weniger Wellen ankommen als normal. Die Spitze (Peak), ein Maß für die Schallwellen, ist deshalb niedriger. Werden alle Schallwellen reflektiert, gibt es keinen Peak. Zum besseren Schallübergang auf bzw. vom Werkstück auf die Messeinrichtung wird oft Wasser o. Ä. verwendet.

Das Ultraschallprüfverfahren ermöglicht auch eine Dickenmessung, da der Abstand der Peaks, also die Zeit zwischen Sendung und Empfang der Wellen, ein Maß für die Dicke ist.

- **Das Röntgenprüfverfahren**
  Die Funktionsweise bei diesem Verfahren ist ähnlich, nur dass hier die Fehlstellen, wie Risse o. Ä., die Strahlung durchlassen, sie im Gegenteil sogar weniger schwächen als

das fehlerfreie Material. Folglich wird bei Fehlstellen eine höhere Strahlungsintensität gemessen als normal.
Das Röntgenprüfverfahren wird vor allem zur Schweißnahtüberprüfung im Druckbehälter- und Pipelinebau angewendet.

1.8.3 | Messfehler

Jeder Messwert ist mit Maßabweichungen behaftet. Die Maßabweichung ist als Differenz aus Messwert und wahrem Wert definiert.

Ursachen für Maßabweichungen und damit Messfehler können sein:
- Maßverkörperung (z.B.: Maßstabteilungsfehler)
- Messgerät (z. B. Spiel und/oder Verschleiß)
- Messaufbau (z. B. Antast- und Maßstabsachse fluchten nicht)
- Messobjekt (z. B. Verunreinigung oder Grat)
- Messperson (z. B. zu große Messkraft)
- Umgebung (z. B. Temperatur)

Es gibt Prüfmittelfähigkeitsuntersuchungen, die die Genauigkeit des Messergebnisses und Einflüsse auf den Prüfablauf untersuchen.

Zur Genauigkeit wird ein Musterstück 50 mal gemessen und daraus die Messmittelfähigkeit (Streuung) bestimmt. Liegt sie toleranzbezogen unterhalb von 20 %, kann das Prüfmittel eingesetzt werden.
Bezüglich des Prüfablaufes wird die Wiederholbarkeit und die Nachvollziehbarkeit untersucht. Die Wiederholbarkeit wird ermittelt, indem die gleiche Messreihe bei unveränderten Rahmenbedingungen mehrfach ausgeführt wird.
Die Nachvollziehbarkeit ermöglicht Aussagen über die Unabhängigkeit vom Bediener, da die gleiche Messreihe von mehreren Prüfpersonen durchgeführt wird.
Die Werte für Wiederholbarkeit und Nachvollziehbarkeit werden zu einer sogenannten Gesamtstreuung zusammengefasst und mit der Toleranz verglichen. Liegt diese Gesamtstreuung ebenfalls unter 20 % der Toleranzbreite, kann der Prüfablauf in der geplanten Weise durchgeführt werden.
Im anderen Fall sollte der Ablauf optimiert werden, da ein Überschreiten vorgegebener Toleranzwerte zu einem zu hohen Prozentsatz an fehlerhaften Messwerten liegen kann. Damit ist keine eindeutige Aussage über die Qualität des Fertigungsprozesses möglich und ein Eingriff in den Prozess könnte erfolgen, obwohl die Teile eigentlich in Ordnung sind.

Grundsätzlich unterscheidet man zwei Hauptfehlergruppen:
- **Systematische Maßabweichungen**
  Systematische Maßabweichungen sind reproduzierbar. Sie treten bei wiederholtem Messen in gleicher Weise wieder auf und verfälschen den korrekten Messwert nach oben oder unten.
  Systematische Maßabweichungen können folglich nur erkannt werden, wenn eine Vergleichsmessung mit einem genaueren Messgerät zu abweichenden Ergebnissen führt. Wurde eine solche Überprüfung durchgeführt, lässt sich der systematische Fehler korrigieren, indem man zum fehlerhaften Messwert den **vorzeichenbehafteten** konstanten Korrekturwert (entgegengesetzt zum Fehler) hinzu addiert.

$$X_E = X + X_{Korr}$$

- **Zufällige Maßabweichungen**
  Diese Maßabweichungen sind nicht reproduzierbar, da sich die Ursachen ständig verändern. (Messbedingungen, Messpersonal usw.) Sie sind auch durch Vergleichsmessungen mit genaueren Messgeräten nicht erfassbar.
  Es besteht also eine Unsicherheit über die Richtigkeit des Messergebnisses. Diese Unsicherheit wird eingegrenzt, indem man eine Messreihe aus n Messungen durchführt. Verwendet man den Mittelwert dieser Messreihe als Messergebnis, so liegt die Unsicherheit der Korrektheit um den Faktor $\frac{1}{\sqrt{n}}$ niedriger als bei einer Einzelmessung.

Kontrollfragen:

1 | Geben Sie drei Ursachen für mögliche Messfehler an.

2 | Unterscheiden Sie anhand jeweils zweier Beispiele die systematischen und zufälligen Messfehler.

3 | Erklären Sie den Begriff Prüfmittelfähigkeit.

1.8.4 | Prüfmittelüberwachung

Um die Fehlergefahr möglichst klein zu halten, müssen alle im Betrieb eingesetzten Prüfmittel regelmäßig kontrolliert werden.

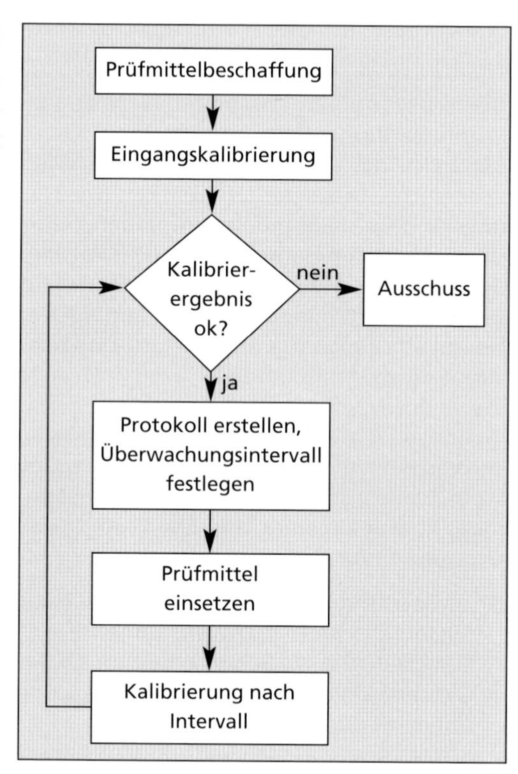

Bild 36: Innerbetrieblicher Kalibrierablauf

Es werden folgende allgemein gültige Anforderungen an ein Überwachungssystem für Prüfmittel gestellt:

- Vor der erstmaligen Benutzung eines Prüfmittels ist eine Eingangsprüfung durchzuführen und zu dokumentieren.
- Von allen Prüfmitteln sind Messbereich, Messunsicherheit und Einsatzbedingungen schriftlich festzuhalten.

- Die Prüfmittelüberwachung soll alle Prüfmittel erfassen (Entwicklung, Fertigung, Montage, Kundendienst usw.).
- Die Kalibrierung soll sich vorzugsweise auf nationale und internationale Maßverkörperungen beziehen.
- Die zur Prüfung eingesetzten Messgeräte und Normalien sollen eine 4–10fache Genauigkeit des zu kalibrierenden Prüfgerätes besitzen.
- Nach der Kalibrierung sind die Prüfmittel nach dem Status und mit dem Termin für die nächste Kalibrierung zu kennzeichnen (ähnlich einer TÜV-Plakette).
- Prüfmittel sind abhängig von der Häufigkeit des Gebrauches zu überprüfen. Nach einer Reparatur ist in jedem Fall eine erneute Kalibrierung erforderlich.
- Prüfmittel sind gegen eine Verstellung zu sichern, durch die die Kalibrierung unwirksam wird.
- Zulieferer müssen nachweisen, dass ihre Prüfmittel überwacht werden.

In Prüfanweisungen ist für jedes Prüfmittel festzulegen, welche Merkmale des Prüfmittels zu beurteilen sind, welche Überwachungseinrichtungen einzusetzen sind und welche Abweichungen zulässig sind.

Die Dokumentation erfolgt am besten mithilfe von Prüfmittelstammkarten, die für jedes Prüfmittel sofort nach der Anschaffung angelegt und in einer Datenbank zusammengefasst werden.

Die Prüfmittelüberwachung kann innerbetrieblich durchgeführt oder an ein externes Labor ausgelagert werden. Entscheidend ist, dass vergleichbare Ergebnisse entstehen, was durch die Rückführung auf Normale erzielt wird. Diese Normale sind in Abhängigkeit ihrer Genauigkeit gemäß nachstehender Pyramide klassifiziert.

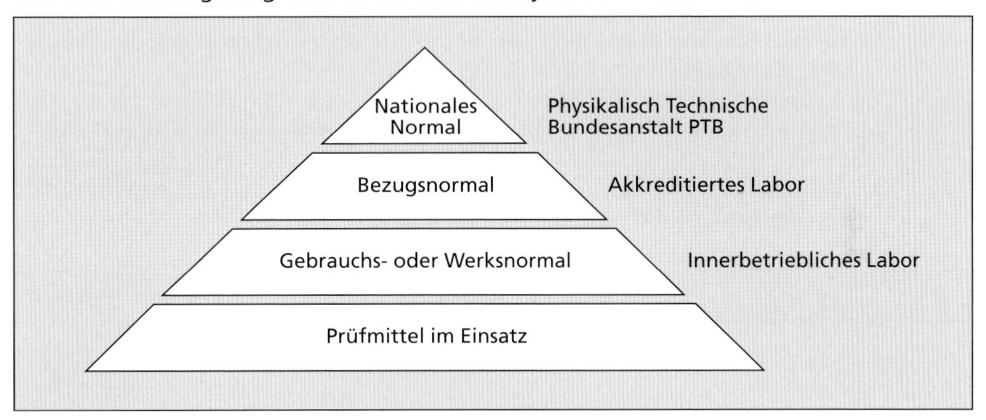

Bild 37: Kalibrierhierarchie

Fachbegriffe aus der Prüfmittelüberwachung:

Das **Kalibrieren** ist das Ermitteln der vorhandenen Abweichung der Anzeige eines Messgerätes vom Sollwert. Das Ergebnis des Kalibrierens kann z. B. zum Justieren verwendet werden.

Das **Justieren** umfasst alle Maßnahmen, mit denen erreicht wird, dass die Ist-Anzeige innerhalb der zulässigen Abweichungen (Fehlergrenzen) der Soll-Anzeige entspricht.

Der **Status** gibt Auskunft darüber, inwieweit ein Prüfmittel einsatzfähig ist. In ihm wird vermerkt, ob das Prüfmittel voll, eingeschränkt oder überhaupt nicht einsatzfähig ist, weil es z.B. zur Überprüfung ansteht, in Reparatur ist oder nicht gefunden werden kann. Es kann auch gesperrt werden, weil z.B. der Überprüfungstermin überschritten ist oder es verschrottet werden muss, da irreparable Schäden vorliegen.

Das **Überwachungsintervall** legt den jeweils folgenden Überprüfungstermin fest und richtet sich, wie schon angesprochen, nach der Häufigkeit des Gebrauches, nach den Einsatzbedingungen (Messraum, Baustelle o.Ä.) und nach der Ausführungsqualität (zeigt keinen,geringen, hohen Verschleiß).

Erfahrungswerte sind:

- 1–2 Jahre für Maß- und Formverkörperungen, Komparatoren, Messmikroskope, Profilprojektoren, Koordinaten-, Form- und Oberflächenmessgeräte
- 6–12 Monate für Handmessgeräte, Messschieber, Innenmessgeräte, Messbügel, Messuhren, Feinzeiger
- 3–6 Monate für Grenzlehren

In Prüfanweisungen ist für jedes Prüfmittel festzulegen, welche Merkmale des Prüfmittels zu beurteilen, welche Überwachungseinrichtungen einzusetzen und welche Abweichungen zulässig sind.

Die Dokumentation erfolgt am besten mithilfe von Prüfmittelstammkarten, die für jedes Prüfmittel sofort nach der Anschaffung angelegt und in einer Datenbank zusammengefasst werden.

Kontrollfragen:

1 | Nennen Sie drei Tätigkeiten der Prüfmittelüberwachung, um die Einsatzfähigkeit der Prüfmittel zu erhalten.

2 | Erklären Sie den Begriff Kalibrieren und grenzen ihn gegen Justieren ab.

3 | Welcher Zusammenhang besteht zwischen der Genauigkeit eines Prüfmittels und dem zur Kalibrierung eingesetzten Messgerät?

1.8.5 | Prüfplanerstellung

Für einen Bolzen soll ein Prüfplan erstellt werden:

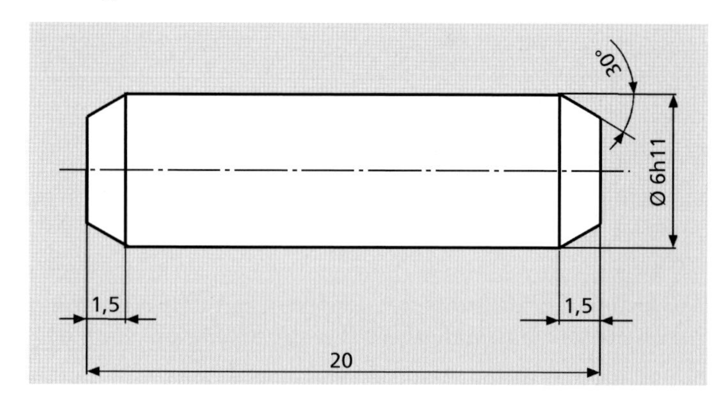

Bild 38: Bolzen nach DIN 1443

Stehen nun korrekte Prüfmittel zur Verfügung, müssen Prüfungen geplant werden – ähnlich wie die Fertigungsschritte im Arbeitsplan.

Eine Hilfe zur Erstellung des Prüfplans, der auf den Arbeitsplan aufbaut und mit ihm abgestimmt sein muss, ist der folgende Fragenkatalog:

- Warum soll geprüft werden?
  Kundenforderung, gesetzliche Vorschrift, ...
- Welches Merkmal soll geprüft werden?
  Klassifizierung der Merkmale hinsichtlich des Fehlergewichtes: Kritische Fehler, Hauptfehler, Nebenfehler
- Wie soll geprüft werden?
  Auswahl der Prüfmethode:
  Messen, Lehren, ...
- Womit soll geprüft werden?
  Auswahl des Prüfmittels nach verschiedenen Kriterien: Messunsicherheit, Kosten, Verfügbarkeit, ...
- Woher kommen die Prüfmittel?
  Abstimmung mit anderen Abteilungen, gegebenenfalls neu beschaffen oder anmieten
- Wann soll geprüft werden?
  Festlegung des Prüfzeitpunktes im Fertigungsablauf
- Wer soll prüfen?
  Festlegung der Abteilung und des Prüfers
- Wie viel soll geprüft werden?
  Festlegung des Prüfumfanges:
  100 %-Prüfung, Stichprobenprüfung, ...
- Welche Vorinformationen gibt es?
  Zuverlässigkeit des Personals, Genauigkeit der Maschinen, ...
- Welche Prüfergebnisse sind möglich?
  Ausschuss, Nacharbeit, gut, eingeschränkt weiterverwendbar, ...
- Wie werden die Ergebnisse dokumentiert?
  Aufschreiben der Daten, Eingabe in die EDV, ...
- Wie werden die Ergebnisse ausgewertet?
  Berechnung von Kennwerten, Histogramm, Regelkarten, ...
- Welche Folgen sollen die Ergebnisse haben?
  Annahme eines Loses, Sperrung eines Loses, bedingte Annahme, Aussortieren des Loses, ...
- Wer muss informiert werden?
  Fertigungsplanung, Einkauf, Konstruktion, ...
- Wer muss aufgrund der Prüfergebnisse tätig werden?
  Wie oben

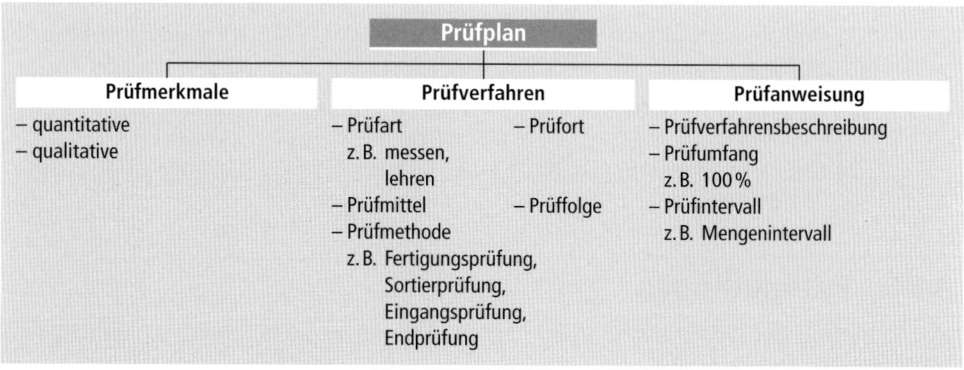

Prüfplan

Prüfmerkmale
- quantitative
- qualitative

Prüfverfahren
- Prüfart
  z. B. messen, lehren
- Prüfort
- Prüfmittel
- Prüffolge
- Prüfmethode
  z. B. Fertigungsprüfung, Sortierprüfung, Eingangsprüfung, Endprüfung

Prüfanweisung
- Prüfverfahrensbeschreibung
- Prüfumfang
  z. B. 100 %
- Prüfintervall
  z. B. Mengenintervall

Bild 39: Aufbau eines Prüfplans

Wird für das Produkt eine Fehleranalyse (FMEA o. Ä.) durchgeführt, so müssen deren Erkenntnisse natürlich in den Prüfplan übernommen werden. Das heißt, es werden die Merkmale geprüft, die als entscheidend für die Funktion des Bauteils erkannt wurden.

Grundsätzlich sind zur Erstellung eines Prüfplans Kenntnisse über folgende Teilgebiete unabdingbar:

→ Fertigungsablauf
→ Fertigungsunterlagen
→ verfahrenstechnische Vorschriften
→ Organisations- und Kompetenzstrukturen
→ Statistik, Prüfkosten, Fehlerkosten, Prüfmittel

Prüfplan
Nr.:

Merkmal	Vorgaben
Ø 6h11	5,925 mm - 6,0 mm

Zeichnungs-Nr.:
Benennung:

Prüfort/ Prüfzeit	Merkmal	Prüfhäufigkeit	Prüfmethode	Maßnahmen bei Fehlern
An der Drehmaschine	Ø 6h11	Die ersten 50 Stück (Maschinenfähigkeitsuntersuchung)	Digitalbügelmessschraube und Auswerteprogramm	Falls c_m oder c_{mk} unter 1,33, dann Maschine stoppen und Vorgesetzten informieren.
An der Drehmaschine	Ø 6h11	5 Stück je 100 Stück (Prozessregelung)	Digitalbügelmessschraube und SPC-Programm	Anweisung bezüglich Qualitätsregelkarten

Bild 40: Beispiel eines Prüfplans

Kontrollfragen:

1 | Welche Hilfsmittel werden zur Festlegung der Prüfmerkmale für ein Produkt herangezogen?

2 | Geben Sie fünf Kriterien an, die ein Prüfplan enthalten muss.

3 | Geben Sie Vor- und Nachteile einer quantitativen gegenüber einer qualitativen Prüfung an.

1.8.6 | Prüfmethoden

Zur Sicherung der Qualität sind in den verschiedenen Bereichen unterschiedliche Prüfmethoden in Anwendung.

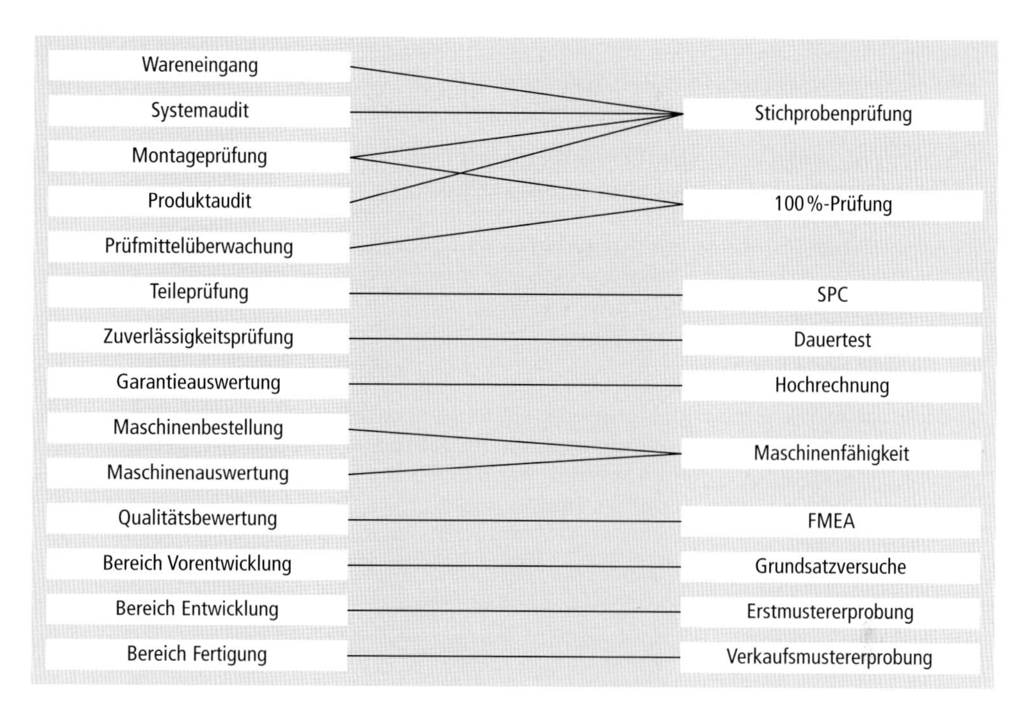

Bild 41: Zusammenhang zwischen Prüfaufgabe und Prüfmethode

Die klassischen Alternativen sind Stichproben- und 100 %-Prüfung.

	Vorteile	**Nachteile**
Stichprobenprüfung	– geringe Prüfkosten – schnelle Aussage über Prozessverlauf – für den Prüfer abwechslungsreicher – notwendig bei zerstörender Prüfung	– geringe Sicherheit – nicht anwendbar bei kritischen Fehlern
100 %-Prüfung	– hohe Sicherheit – Kundenzufriedenheit – geringe Fehlerfolgekosten	– höherer Zeitbedarf – höhere Prüfkosten

100 %-Prüfung

Man muss sich von der Vorstellung lösen, dass eine 100 %-Prüfung zu Fehlerfreiheit führt.
Wenn Menschen die Prüfung durchführen, verbleibt im ausgelesenen Los im Regelfall ein Restanteil fehlerhafter Stücke.

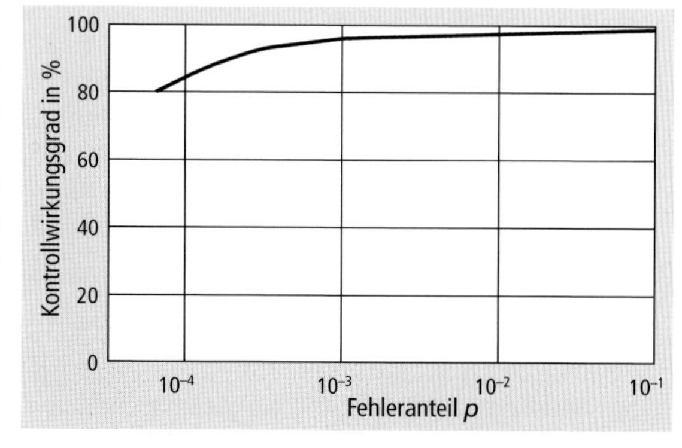

Bild 42: Kontrollwirkungsgrad

Der Kontrollwirkungsgrad ist abhängig vom Auftreten des Fehlers: Er ist schlecht bei sehr kleinen Fehleranteilen (s. Bild 42) und wird besser, wenn der Prüfer öfters ein schlechtes Teil findet. Bei größeren Fehleranteilen sinkt der Kontrollwirkungsgrad wieder.

Ursachen für einen verbleibenden Fehleranteil sind:
- Unaufmerksamkeit wegen monotoner Tätigkeit,
- Ermüdung des Prüfers,
- persönliche Einstellung des Prüfers zu seiner Arbeit,
- Schwierigkeit in der Merkmalsbewertung,
- Arbeitsbedingungen (Licht, Lärm, etc.) usw.

Stichprobenprüfung

Die klassische Stichprobenprüfung war die Eingangsprüfung für Produkte eines Zulieferers. Es sollte mit zunehmend geringerem Prüfaufwand entschieden werden können, ob ein Lieferlos angenommen werden kann oder zurückgewiesen werden muss. Das führte zu einer Dynamisierung der Eingangsprüfung.

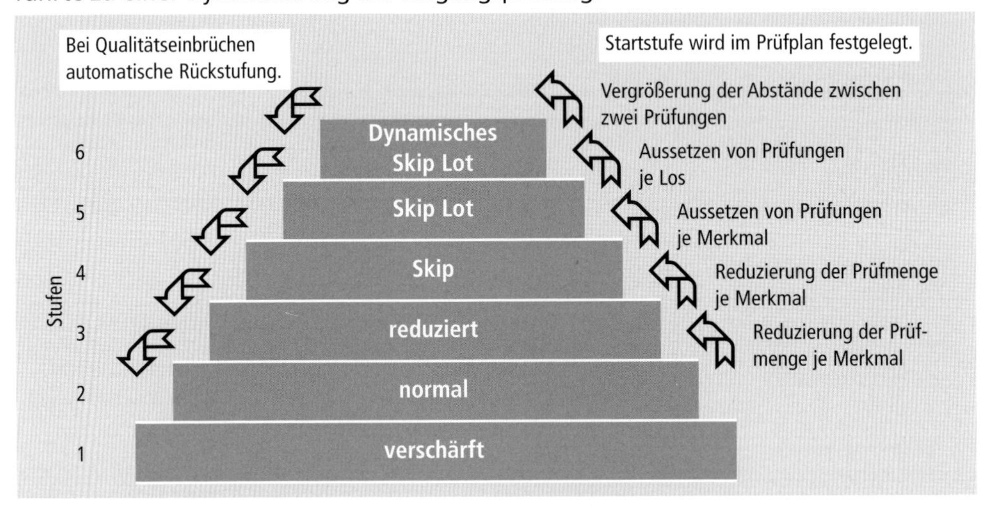

Bild 43: Dynamische Wareneingangsprüfung nach DIN 40080

Das Verfahren ist vergleichbar mit der Kfz-Haftpflichtversicherung. Fährt ein Autofahrer ein Jahr unfallfrei, wird er in seiner Schadensfreiheitsklasse hochgestuft und muss geringere Beiträge bezahlen.
Weist der Zulieferer in seinen Lieferungen Qualität nach, wird er hochgestuft, d.h. der Prüfumfang wird reduziert. Ziel ist natürlich, auf eine Eingangsprüfung ganz verzichten zu können und damit Ressourcen zu sparen.
Bei funktionierenden Qualitätsmanagementsystemen auch auf Seiten des Zulieferers sollte dieser Status des Prüfverzichtes oder „Skip Lot" erreichbar sein.
Werden jedoch Mängel bei den Zulieferteilen entdeckt, wird der Zulieferer wieder zurückgestuft, d.h. der Prüfumfang nimmt wieder zu.

Müssen Stichprobenprüfungen durchgeführt werden, sollten sie natürlich einen Rückschluss auf die Gesamtheit aller Teile ermöglichen.

Voraussetzung ist, dass die Zufälligkeit bei der Auswahl der Stichprobe gewährleistet ist. Dies bedeutet, dass jedes Teil die gleiche Chance haben muss, in die Stichprobe zu gelangen.

Die Stichprobe darf aber nicht zu klein sein, damit die Wahrscheinlichkeit, dass sich alle Teile wie die Stichprobe verhalten, möglichst groß ist.

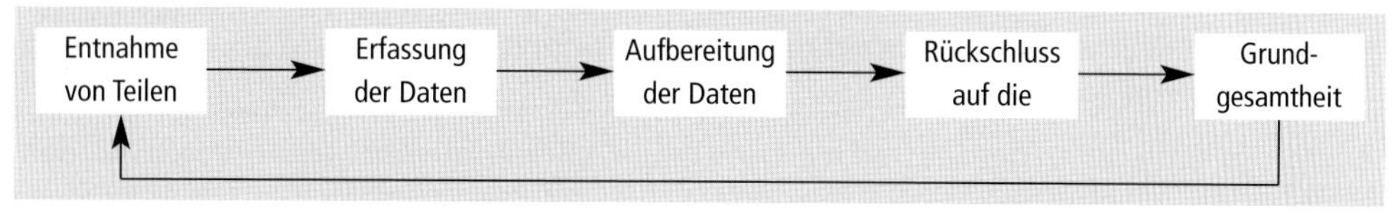

Bild 44: Ablauf einer Stichprobenprüfung

Die Zusammenhänge sind mathematisch oder grafisch darzustellen. Hier soll der grafische Zusammenhang aufgezeigt werden.
In Abhängigkeit der Losgröße *N*, der Stichprobengröße *n* und der Annahmekennzahl *c* (maximal erlaubte Anzahl fehlerhafter Teile in der Stichprobe) ergibt sich eine Kurve, die man „Operationscharakteristik" (OC) nennt.

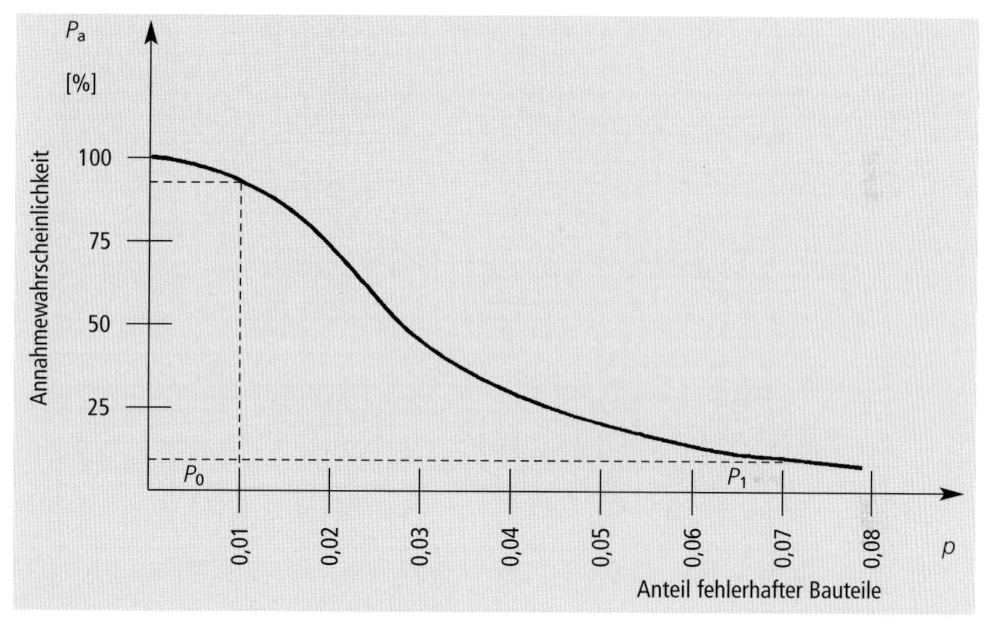

Bild 45: Operationscharakteristik OC (Beispiel)

In der obenstehenden Operationscharakteristik ist die Annahmewahrscheinlichkeit P_a für das Lieferlos über der Qualitätslage *p*, also dem Anteil fehlerhafter Bauteile, aufgetragen.

Bei 1 % fehlerhafter Bauteile beträgt z. B. die Annahmewahrscheinlichkeit 95 %. Die restlichen 5 % werden als Lieferantenrisiko α bezeichnet. Der Zulieferer trägt ein Risiko von 5 %, dass er ein Los zurückbekommt, obwohl die Teile der vereinbarten Qualität entsprechen.
Diese 1 % fehlerhaften Teile an der Stelle p_o nennt man „Annehmbare Qualitätslage" **AQL** (acceptable quality level). Die durchschnittliche Qualitätslage der Fertigung muss also besser sein (ca. 1/2 AQL), soll das Lieferantenrisiko minimiert werden.

Die Stelle p_1 kennzeichnet die „Rückzuweisende Qualitätslage" **LQ** (limiting quality). Die zugehörige Wahrscheinlichkeit β heißt Abnehmerrisiko. Das bedeutet, dass der Abnehmer mit z. B. 10 % Risiko ein schlechtes Los annimmt.

Die Stichproben werden nach sogenannten „Stichprobenanweisungen" den jeweiligen Losen entnommen, wobei natürlich die Vorgaben bezüglich AQL und LQ erreicht werden sollen. Deshalb müssen die Stichprobenanweisungen so gestaltet werden, dass dies möglich ist. Die jeweiligen Normen bieten dazu Hilfen (Tabellen u. Ä.) an, die herangezogen werden können.

Allerdings kann der in der Stichprobe ermittelte Fehleranteil nicht automatisch mit dem Fehleranteil im Los gleichgesetzt werden.

Mithilfe des „Pearson-Clopper-Diagramms" (s. Bild 46) kann aber ein Bereich (Vertrauensbereich) ermittelt werden, in dem der Fehleranteil des Loses mit einer bestimmten Aussagewahrscheinlichkeit liegt (meist 90 % oder 95 % Aussagewahrscheinlichkeit).

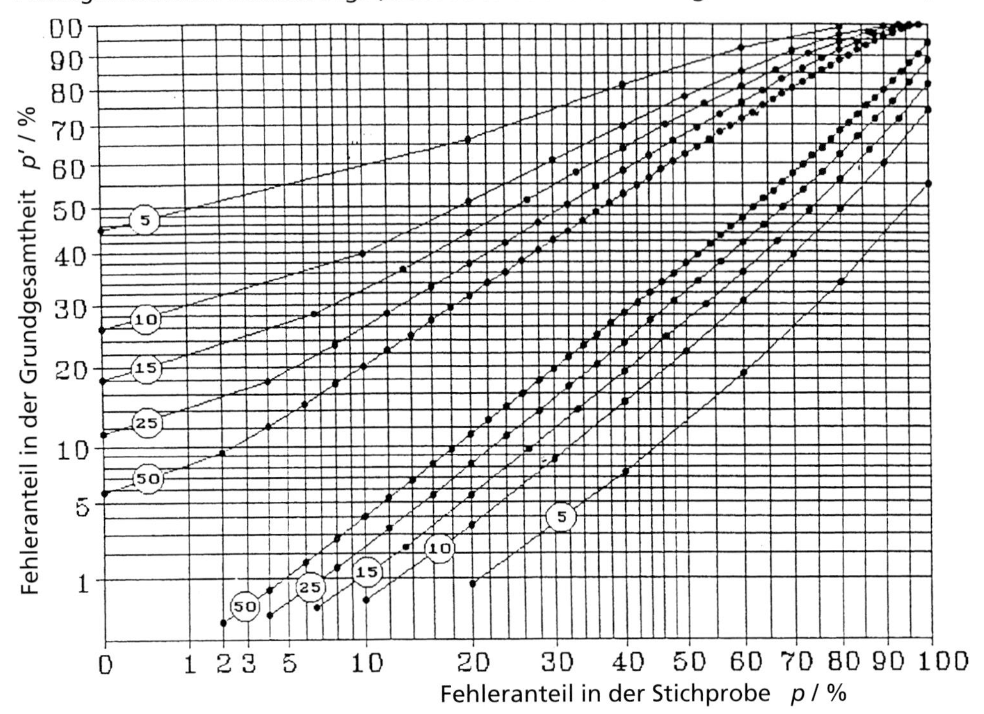

Bild 46: Pearson-Clopper-Diagramm (90 % Aussagewahrscheinlichkeit)

Handhabung des Pearson-Clopper-Diagramms:

1. Ermitteln des Fehleranteils der Stichprobe.
2. Im erreichten Wert Senkrechte errichten. Schnittpunkte mit den Kurven des richtigen Stichprobenumfanges markieren.
3. Waagerecht durch die Schnittpunkte die Werte p'_{un} und p'_{ob} der Fehleranteile der Grundgesamtheit ablesen.

   Beispiel: Vorgaben: $n = 50$

   $c = 0$ (kein fehlerhaftes Teil in der Stichprobe)

   Nach Pearson-Clopper-Diagramm: $\Rightarrow p'_{un} = 0$

   $p'_{ob} = 5{,}8\,\%$

   Der Vertrauensbereich für den Fehleranteil des Loses lautet:

   $0 \leq p' \leq 5{,}8\,\%$

Diese in Europa seit den 70er Jahren gängigen Verfahren zum „Erprüfen" der Qualität werden aber immer mehr ersetzt durch Maßnahmen der Prozessregelung, d.h. fertigungsbegleitend wird geprüft und regelnd eingegriffen, möglichst bevor Fehler entstehen.

Kontrollfragen:

1 | Wann muss eine 100 %-Prüfung durchgeführt werden?

2 | Wann sollte aus wirtschaftlichen Gründen von einer 100 %-Prüfung abgesehen werden?

3 | Welche Voraussetzungen müssen erfüllt sein, damit die Schlussfolgerungen aus Stichprobenprüfungen auch für die Grundgesamtheit zutreffen?

4 | Die Stichprobenanweisung für eine Lieferung lautet $n - c = 200 - 2$. Erläutern Sie die Bedeutung dieser Anweisung.

5 | Zwischen Kunden und Zulieferer ist ein AQL-Wert von 1,0 vereinbart. Was besagt dieser Wert und wie hoch muss die Fertigungsqualitätslage des Zulieferers sein, um eine Rückweisung seiner Lose mit hoher Wahrscheinlichkeit zu vermeiden?

2 | Grundlagen der statistischen Prozessregelung

In der Statistik werden zwei Hauptgruppen unterschieden:
- die beschreibende Statistik,
- die beurteilende Statistik.

Beschreibende Statistik
Wohl jeder hat schon einmal den Satz gehört:

„Traue keiner Statistik, die du nicht selbst gefälscht hast."

In der Tat ist es durch Veränderung des Maßstabes oder durch Weglassen einer Bezugsgröße möglich, Daten anders aussehen zu lassen, als sie wirklich sind.

Nachfolgendes Beispiel soll dies verdeutlichen:

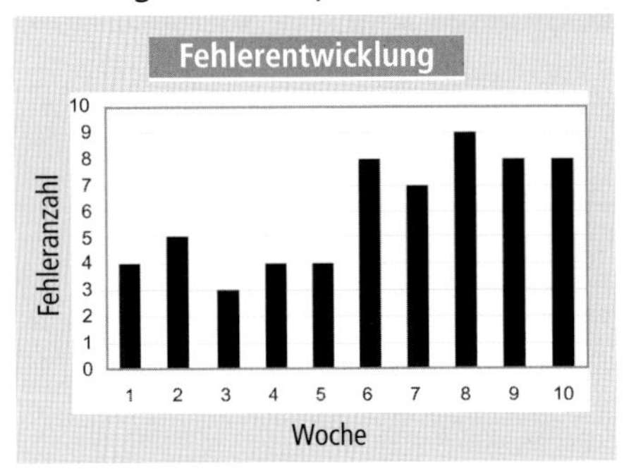

Bild 47: Statistik Fehlerentwicklung absolut

In Bild 47 sind die absoluten Fehlerzahlen pro Woche aufgetragen. Damit entsteht der Eindruck, dass ab Woche 5 Qualitätsprobleme aufgetaucht sind, da sich die Fehlerzahl praktisch verdoppelt hat.

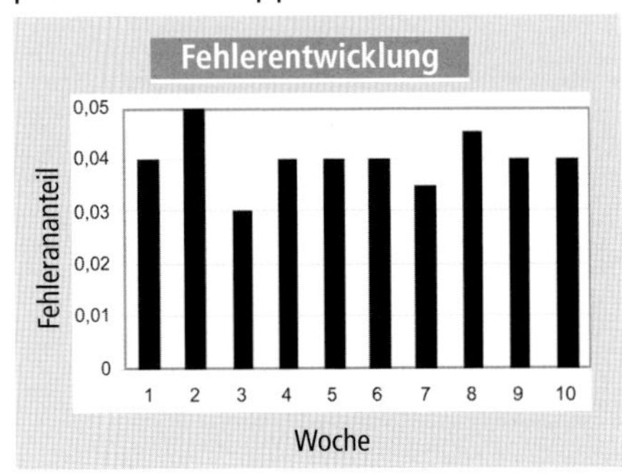

Bild 48: Statistik Fehlerentwicklung relativ

Bild 48 basiert auf den gleichen Zahlen, es wurde jedoch nicht die absolute Fehlerzahl, sondern die Fehlerzahl bezogen auf die produzierte Stückzahl aufgetragen.

Der Fehleranstieg ab Woche 5 liegt also darin begründet, dass sich die Ausbringungsmenge verdoppelt hat. Die Qualität ist gleich geblieben.

Beschreibende Statistik bedeutet allgemein, dass Zahlenmaterial gesammelt, geordnet, grafisch dargestellt und analysiert wird.

Als Darstellungsformen werden sehr häufig das schon in Bild 47 und 48 kennengelernte Säulendiagramm, das Balkendiagramm (s. Bild 49) und das aus der Wahlberichterstattung bekannte Kreis- oder „Kuchendiagramm“ (s. Bild 50) benutzt.

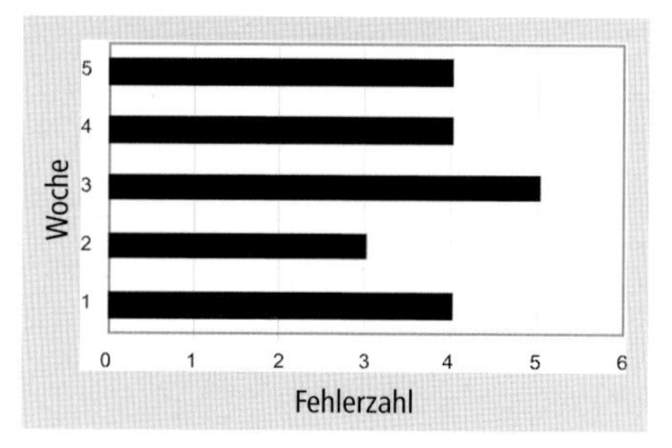

Bild 49: Beispiel eines Balkendiagramms

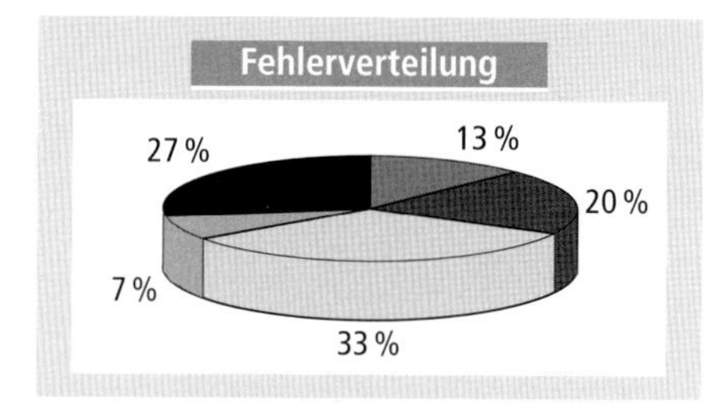

Bild 50: Beispiel eines Kreisdiagramms

Beurteilende Statistik
In diesem Bereich wird vorhandenes Zahlenmaterial dazu genutzt, Schätzungen bzw. Vorhersagen über größere Mengen zu treffen.
Es können auch getroffene Hypothesen überprüft werden (z. B. Trend und Hochrechnung bei Wahlen).

In unserem Bereich der Fertigung wird Qualität nicht dadurch erzeugt, dass schlechte Teile aussortiert, sondern gar nicht erst hergestellt werden. Dazu gehört, dass man ständig über das Qualitätsniveau im Bilde ist und aus der Prüfung von Stichproben mit genügender Wahrscheinlichkeit auf die Gesamtheit der Teile zurückschließen kann.
Zufallsstichproben, die einem Fertigungsprozess entnommen werden, zeigen im Mittel ein Abbild des Prozesses. Eine einzelne Stichprobe kann jedoch abweichende Ergebnisse aufweisen. Der Bereich, in welchem der wirkliche Prozesswert zu erwarten ist, kann aber mit statistischen Methoden eingegrenzt werden.

Mit Zufallsstichproben, die in einem definierten Bereich liegen, kann man Herstellprozesse so beurteilen, dass **nicht-zufällige Störeinflüsse** erkannt und damit durch Maßnahmen künftig vermieden werden können.

Das Stichprobenverfahren und der Prüfaufwand sind so festzulegen, dass folgende Forderungen erfüllt werden:

- Die Stichprobenprüfung muss sicherstellen, dass ein Produktionsprozess aufgebaut und betrieben wird, der nur Produkte vorher festgelegter Qualität hervorbringt.
- Es muss eine abschätzbare, möglichst gleichbleibende Wahrscheinlichkeit bestehen, dass Lose von nicht akzeptabler Qualität als solche auch erkannt werden.

2.1 | Grundbegriffe der Statistik

Merkmal	=	Eigenschaft zur Unterscheidung von Beobachtungseinheiten
Beobachtungseinheiten	=	Individuen, Objekte, Vorgänge, Werkstücke, die bei einer statistischen Untersuchung betrachtet werden.
Grundgesamtheit N	=	Gesamtheit aller Beobachtungseinheiten, über die eine statistische Aussage gemacht werden soll.
Stichprobe	=	Zur Aussage herangezogene Menge von Beobachtungseinheiten bzw. zur Prüfung entnommene Menge von Beobachtungseinheiten.
Stichprobenumfang n	=	Anzahl der Einheiten in der Stichprobe.
Merkmalswert	=	Wert, den ein Merkmal angenommen hat.

Beispiel: Bei der Fertigung von Bolzen wird der Außendurchmesser von 50 Bolzen eines Fertigungsloses von 5000 Stück gemessen.

Merkmal = Durchmesser
Merkmalswerte = konkretes Maß (Istmaß)
Grundgesamtheit = $N = 5000$
Beobachtungseinheit = einzelner Bolzen
Stichprobenumfang = $n = 50$

Wir beschränken uns bei der weiteren Betrachtung auf quantitative Merkmale, also Messwerte.

Kontrollfragen:

1 | Erläutern Sie die Aufgaben der beiden Teilbereiche der Statistik.

2 | Nennen Sie mehrere Möglichkeiten, Daten grafisch darzustellen.

3 | In einer Schulklasse mit 26 Schülern haben 7 Schüler den Führerschein. – Ordnen Sie die Begriffe „Merkmal", „Beobachtungseinheit" und „Grundgesamtheit" zu.

2.2 | Wahrscheinlichkeit

Die Wahrscheinlichkeit befasst sich mit Ereignissen, die nicht definitiv vorausgesagt werden können. Auch ein Experiment liefert kein verlässliches Ergebnis, da es im Wiederholungsfall anders ausfallen kann. Man spricht deshalb auch von „Zufallswahrscheinlichkeiten".

E ≡ Wahrscheinlichkeit eines Ergebnisses

P ≡ Wahrscheinlichkeit der zu E gehörenden Ergebnisse

Die Wahrscheinlichkeit P für das Ereignis E berechnet man nach der folgenden Formel:

$$P(E) = \frac{\text{Anzahl der für E günstigen Ergebnisse des Zufallversuchs}}{\text{Gesamtzahl aller möglichen Ergebnisse des Zufallversuchs}}$$

2.1.1 | Beispiele für Wahrscheinlichkeiten

1. Mit welcher Wahrscheinlichkeit erzielt man beim Würfeln eine 3?

   Lösung: E = { 3 } $P(E) = \frac{1}{6} = 0{,}16\overline{6} \equiv 16\frac{2}{3}\,\%$

2. Wie groß ist die Wahrscheinlichkeit, beim Würfeln mit einem Würfel eine gerade Zahl zu werfen?

   Lösung: E = { 2,4,6 } $P(E) = \frac{3}{6} = 0{,}5 \equiv 50\,\%$

Die klassische Wahrscheinlichkeit beim Würfeln mit einem idealen Würfel eine bestimmte Zahl, z. B. die 3, zu erhalten, beträgt $P(E) = 0{,}16\overline{6}$

Wie hoch ist die Wahrscheinlichkeit, dass man mit zwei Würfeln eine 7 erzielt?
Die Lösung ist praktisch im Versuch, aber auch theoretisch möglich.
Bei konkret durchgeführten Versuchen mit unterschiedlicher Anzahl von Würfen, ergab sich das folgende Ergebnis:

Versuch	1	2	3	4
Würfe ges.: n	10	100	1000	10000
davon die 7: x	2	14	178	1695
rel. Häufigkeit $h = x/n$	0,2	0,14	0,178	0,1695

Theoretische Lösung :

Würfel 1 → Würfel 2 ↓	1	2	3	4	5	6
1	2	3	4	5	6	7
2	3	4	5	6	7	8
3	4	5	6	7	8	9
4	5	6	7	8	9	10
5	6	7	8	9	10	11
6	7	8	9	10	11	12

$$P(E) = \frac{6}{36} = \frac{1}{6} \equiv 16\frac{2}{3}\,\%$$

Man kann deutlich erkennen, dass sich das Versuchsergebnis mit der Steigerung der Würfe an das Ergebnis annähert.

Ergänzungsbeispiel: Galton-Brett

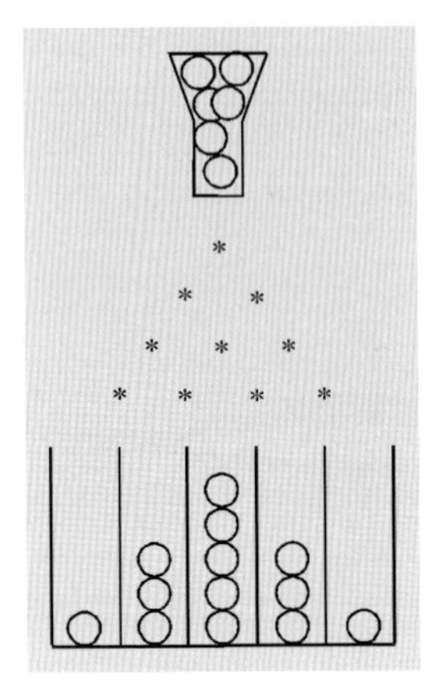

Die Einflüsse auf den Fertigungsprozess können durch das sogenannte Galton-Brett dargestellt werden. Es besteht aus einem Trichter, aus dem Kugeln auf darunter liegende Nagelreihen und anschließend in vorbereitete Fächer fallen.
Die auftreffende Kugel hat an jedem Nagel die Wahrscheinlichkeit von 50 % (0,5) nach links oder nach rechts zu fallen. Somit ist nur mit einer bestimmten Wahrscheinlichkeit vorhersagbar, in welches Fach die Kugel fallen wird.
Die Nagelreihen stellen folglich zufällige Einflüsse dar, die um so zahlreicher sind, je mehr Nagelreihen vorliegen.
Der horizontal verschiebbare Trichter beeinflusst ebenfalls den Fall der Kugel, jedoch in einer Weise, die nach Größe und Richtung erkannt und korrigiert werden kann.
Die horizontale Lageänderung des Trichters stellt also einen systematischen Einfluss dar.

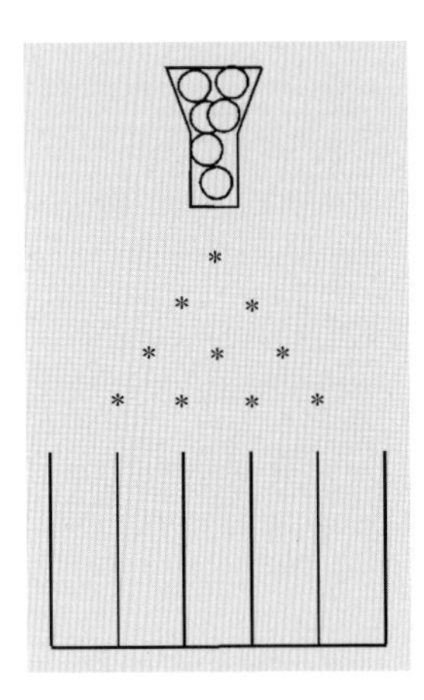

Bild 51: Galton-Brett

Es soll nun für nebenstehendes Beispielbrett bestimmt werden, mit welcher Wahrscheinlichkeit die 16 Kugeln in jedes der darunter liegenden 5 Fächer fallen werden. Die zufälligen Einflüsse werden durch 4 Nagelreihen angenommen.

<u>Lösung:</u>

$P(1.\ \text{Fach}) = \frac{1}{16} \equiv 6{,}25\ \%$

$P(2.\ \text{Fach}) = \frac{4}{16} \equiv 25\ \%$

$P(3.\ \text{Fach}) = \frac{6}{16} \equiv 37{,}5\ \%$

$P(4.\ \text{Fach}) = \frac{4}{16} \equiv 25\ \%$

$P(5.\ \text{Fach}) = \frac{1}{16} \equiv 6{,}25\ \%$

Kontrollfragen:

1 | In einem Lieferlos befinden sich 1000 Teile. Davon sind 50 Teile fehlerhaft. Wie hoch ist die Wahrscheinlichkeit bei einer einzigen zufälligen Auswahl ein fehlerhaftes Teil zu entnehmen?

2 | Bei der Fertigung von Werkstücken werden 3 % mit Übermaß und 4 % mit Untermaß hergestellt.
Wie groß ist die Wahrscheinlichkeit, dass ein zufällig geprüftes Teil fehlerhaft ist?

3 | Drei Münzen mit Zahl- und Wappenprägung werden hochgeworfen.
Wie groß ist die Wahrscheinlichkeit, mindestens eine Zahl zu sehen?

2.3 | Grafische Darstellung

Wie bereits geklärt, beträgt die Wahrscheinlichkeit, mit einem Würfel eine 1 bis 6 zu würfeln, jeweils $\frac{1}{6}$.

Diese Ergebnisse können nun mit einem Säulendiagramm dargestellt werden.

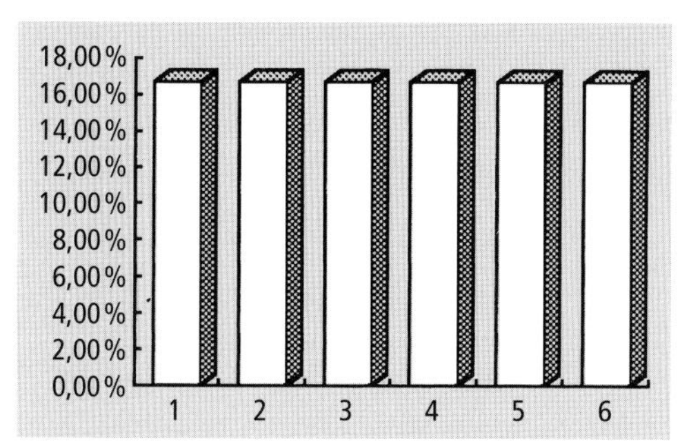

Bild 52: Wahrscheinlichkeitsfunktion $g(X) = P(E) = \frac{1}{6} \equiv 16\frac{2}{3}\%$

Richtigerweise müssten die Säulen so breit sein, dass sie sich berühren, da es sich um diskrete Werte handelt, d. h. es gibt keine Zwischenwerte. Allerdings wird aus Gründen der Übersichtlichkeit oftmals die dargestellte Form gewählt.

Summiert man jetzt die Wahrscheinlichkeiten für die einzelnen Würfe auf, so erhält man die Verteilungsfunktion $G(X) = \frac{1}{6}X$.

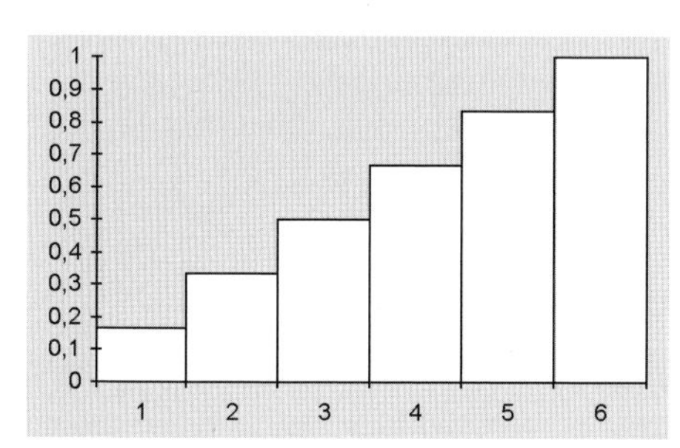

Bild 53: Verteilungsfunktion G(X)

Beim Würfeln mit zwei Würfeln können Gesamtaugenzahlen von 2, 3, 4, ..., 11 oder 12 gewürfelt werden. Dafür ergeben sich die nachfolgenden rechnerischen Wahrscheinlichkeiten (vgl. S. 59 Würfelmatrix) bzw. grafisch die Wahrscheinlichkeits- und Verteilungsfunktion.

$P(X = 2) = \frac{1}{36} = 0{,}02\overline{7}$ $P(X = 3) = \frac{2}{36} = 0{,}0\overline{5}$ $P(X = 4) = \frac{3}{36} = 0{,}08\overline{3}$

$P(X = 5) = \frac{4}{36} = 0{,}\overline{1}$ $P(X = 6) = \frac{5}{36} = 0{,}13\overline{8}$ $P(X = 7) = \frac{6}{36} = 0{,}1\overline{6}$

$P(X = 8) = \frac{5}{36} = 0{,}13\overline{8}$ $P(X = 9) = \frac{4}{36} = 0{,}\overline{1}$ $P(X = 10) = \frac{3}{36} = 0{,}08\overline{3}$

$P(X = 11) = \frac{2}{36} = 0{,}0\overline{5}$ $P(X = 12) = \frac{1}{36} = 0{,}02\overline{7}$

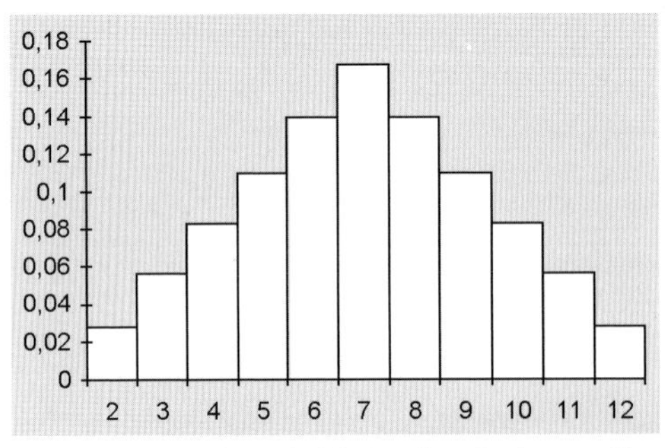

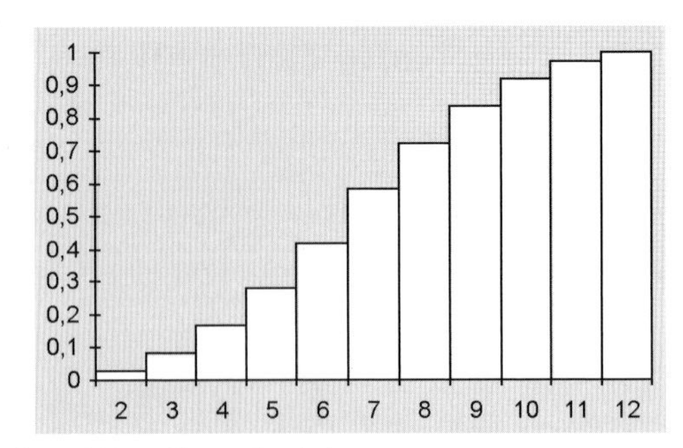

Bild 54: Wahrscheinlichkeits- (Dreiecksverteilung) und Verteilungsfunktion von Würfelergebnissen mit zwei Würfeln

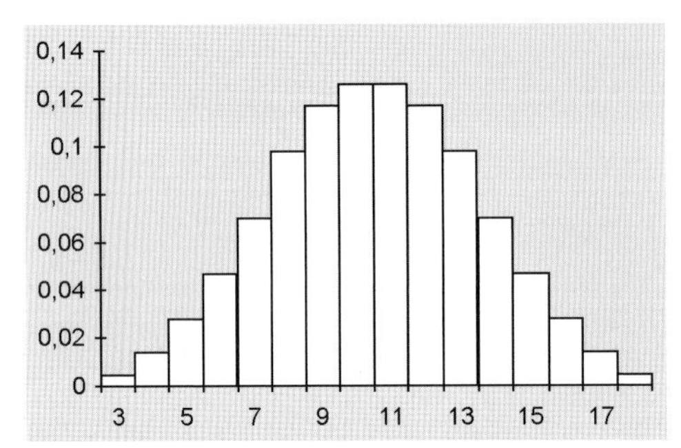

Bild 55: Wahrscheinlichkeitsfunktion beim Würfeln mit drei Würfeln

Beim Würfeln mit zwei Würfeln gibt es 36 mögliche Kombinationen, bei drei Würfeln 214. Diese Kombinationen repräsentieren die Wahrscheinlichkeiten (Erwartungswerte) von 214 Würfen. Die Verteilung nähert sich von der Pyramidenkurve zur Normalverteilung (Gaußsche Glockenkurve) bzw. ist mit ihr identisch, wenn wir mit einer unendlichen Anzahl von Würfeln unendliche Male werfen.

2.4 | Aufbereitung von Messwerten

Für die weitere Betrachtung dient der bereits angesprochene Bolzen Ø 6h11 (s. 1.8.5) als Beispiel.

Die Abmaße bezüglich des Nennmaßes 6 mm betragen 0 µm und – 75 µm, ergeben also die Toleranzgrenzen 6,0 mm und 5,925 mm.

Umfang des Fertigungsloses: 2000 Stück
Stichproben: 20 Stichproben à 5 Teile ≡ 100 Stück

Die ermittelten insgesamt 100 Messwerte werden möglichst übersichtlich in einer sogenannten Urliste (s. Bild 56) notiert. Da die Teile in der Reihenfolge der Herstellung überprüft werden, zeigt die Folge der Messwerte die Veränderung des Prozesses über die Zeit hinweg an.

Da die Zahlen in der Urliste nur schwierig oder überhaupt keinen Überblick geben, werden Messwerte meist grafisch dargestellt. Die einfachste Möglichkeit ist eine Strichliste (s. Bild 57), die nach Eintrag aller Werte ein anschauliches Bild über die Verteilung der streuenden Messwerte liefert. Zusätzlich lässt sich noch die Häufigkeit bestimmen:

Entweder man gibt die absolute Zahl der jeweiligen Messwerte an oder bezieht diese auf die Gesamtzahl der Werte. Somit erhält man die relative Häufigkeit in %.

Da in der Praxis meist keine diskreten Werte wie beim Würfeln auftreten, sondern je nach Auflösung sehr viele verschiedene, fasst man die streuenden Messwerte aus Übersichtsgründen klassenweise zusammen. Dazu muss man sich sowohl über die Klassenzahl k als auch die Klassenweite w Gedanken machen.

Die Klassenzahl wird unter Berücksichtigung der DIN 53804 wie folgt bestimmt:

Stichprobenumfang	**Klassenanzahl *k***	**Stichprobenumfang**	**Klassenanzahl *k***
bis 50 Messwerte	keine	bis 1000 Messwerte	$k_{min} = 13$
bis 100 Messwerte	$k_{min} = 10$	bis 10000 Messwerte	$k_{min} = 16$

Ansonsten gilt die Faustformel: $k \approx \sqrt{n}$

Die Klassenweite hängt wesentlich von der Klassenanzahl ab und berechnet sich nach der Formel:

$$w = \frac{x_{max} - x_{min}}{k}$$

Bildlich noch ansprechender kann die Strichliste durch ein Säulendiagramm oder Histogramm ersetzt werden. Dort werden anstelle der Strichgruppen Säulen gesetzt. Während auf der waagerechten oder x-Achse der Merkmalswert eingetragen wird, zeigt die senkrechte Teilung die Häufigkeit des Vorkommens. Dazu können sowohl die absoluten als auch die relativen Ergebnisse herangezogen werden. Stimmt die Maßstabseinteilung mit der Strichliste überein, ist die Ähnlichkeit der Abbildung unverkennbar, nur dass die Achsen vertauscht sind.

2.4.1 | Durchführung am Leitbeispiel

5,964	5,957	5,979	5,948	5,962
5,954	5,965	5,972	5,949	5,968
5,965	5,954	5,954	5,963	5,956
5,964	5,953	5,961	5,940	5,974
5,953	5,963	5,950	5,958	5,976
5,959	5,951	5,962	5,944	5,956
5,956	5,956	5,966	5,948	5,966
5,964	5,956	5,967	5,966	5,954
5,958	5,947	5,959	5,970	5,972
5,955	5,963	5,969	5,952	5,980
5,976	5,962	5,942	5,951	5,956
5,958	5,971	5,949	5,963	5,973
5,954	5,967	5,958	5,957	5,980
5,957	5,968	5,962	5,973	5,965
5,963	5,970	5,970	5,945	5,982
5,972	5,966	5,944	5,936	5,956
5,964	5,965	5,950	5,959	5,952
5,964	5,949	5,958	5,960	5,976
5,977	5,955	5,960	5,955	5,964
5,965	5,963	5,972	5,949	5,972

Bild 56: Urliste der Messwerte Bolzen Ø 6h11

Aus der Urliste ergibt sich folgende Klasseneinteilung:

$$k \approx \sqrt{100} \Rightarrow k \approx 10$$

Die Klassenanzahl wird also mit 10 festgelegt. Daraus ergibt sich für die Klassenweite:

$$w = \frac{5{,}985\ \text{mm} - 5{,}936\ \text{mm}}{10} \approx 0{,}005\ \text{mm}$$

Die Klassengrenzen gibt man eine Dezimale genauer als die Messwerte an und legt sie auf Rundungsgrenzen (.,..5) fest, damit kein Messwert genau auf die Grenze fällt.
Die Werte der Stichproben dienen als Orientierung für den Anfangswert der ersten Klasse, sodass alle Werte erfasst werden können.

Nummer	Klasse: von ... bis	Strichliste	Häufigkeit Anzahl	%
1	5,9355 - 5,9405	||	2	2
2	5,9405 - 5,9455	||||	4	4
3	5,9455 - 5,9505	||||| ||||	9	9
4	5,9505 - 5,9555	||||| ||||| ||||	14	14
5	5,9555 - 5,9605	||||| ||||| ||||| |||||	20	20
6	5,9605 - 5,9655	||||| ||||| ||||| ||||| ||	22	22
7	5,9655 - 5,9705	||||| ||||| ||	12	12
8	5,9705 - 5,9755	||||| ||||	9	9
9	5,9755 - 5,9805	||||| ||	7	7
10	5,9805 - 5,9855	|	1	1

Bild 57: Klasseneinteilung der Messwerte

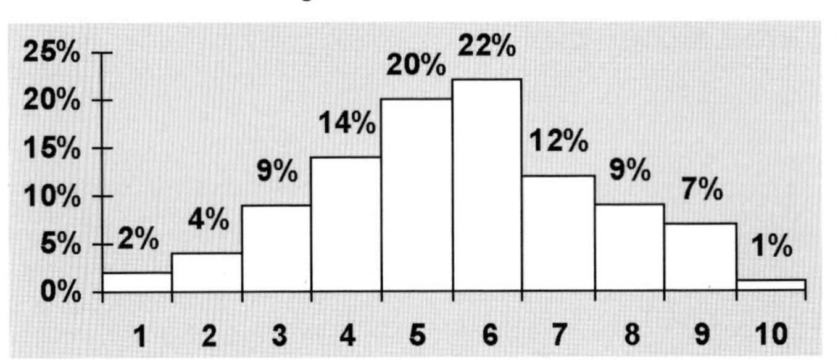

Bild 58: Histogramm mit Häufigkeit in % über den Klassen

Eine andere Darstellung, die sogenannte Summenhäufigkeit erreicht man durch das Aufaddieren der jeweiligen Einzelhäufigkeiten. Zudem werden die %-Angaben meist faktorisiert.

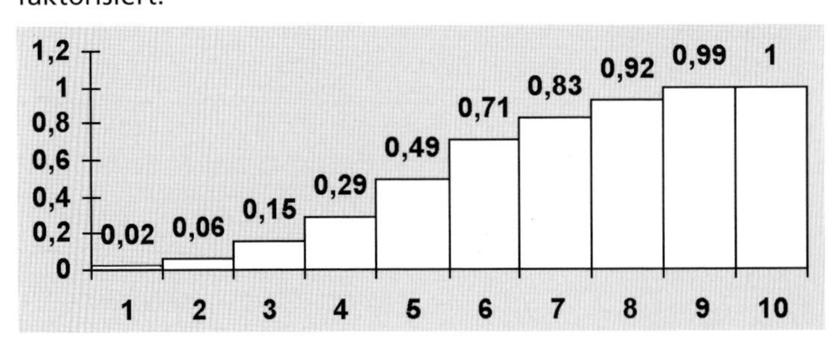

Bild 59: Summenhäufigkeit über den Klassen

Kontrollfragen:

1 | Erläutern Sie, warum Messwerte häufig in Klassen zusammengefasst werden und geben Sie die Faustformel für die Klassenanzahl an.

2 | Im Rahmen der Kontrolle einer Bohrungstoleranz 20H7 wurden die folgenden 70 Messwerte in mm ermittelt:

20,010	20,013	20,009	20,011	20,010
20,005	20,007	20,011	20,010	20,012
20,010	20,011	20,002	20,009	20,008
20,007	20,008	20,010	20,013	20,009
20,009	20,015	20,008	20,011	20,011
20,007	20,008	20,006	20,012	20,007
20,011	20,012	20,011	20,004	20,010
20,010	20,007	20,010	20,014	20,011
20,015	20,004	20,012	20,010	20,012
20,010	20,010	20,009	20,008	20,013
20,009	20,012	20,009	20,010	
20,014	20,007	20,009	20,006	
20,008	20,008	20,010	20,013	
20,011	20,009	20,017	20,005	
20,008	20,011	20,006	20,012	

a) Erstellen Sie eine Klasseneinteilung und ermitteln Sie die absolute und die relative Häufigkeit der Messwerte in den Klassen.

b) Zeichnen Sie ein Histogramm für die absoluten Häufigkeiten der einzelnen Klassen.

2.5 | Verteilung von Messwerten

Das Auswerten von Merkmalen in technischen Prozessen kann zu unterschiedlichen Verteilungen führen.

Im Folgenden soll stellvertretend die Normalverteilung untersucht werden.

Sie kann auftreten wenn:

1. viele verschiedene, zufällige Störeinflüsse vorhanden sind und einzeln oder überlagert auf eine Merkmalsgröße einwirken.

   Als Beispiel sei hier die Fertigung auf Werkzeugmaschinen genannt. Durch Spiel in den Führungen und/oder eigen- bzw. fremderregte Schwingungen wird das Nennmaß eines Werkstückes zufällig beeinflusst.
   Bei den CNC-Maschinen sind diese Störgrößen durch konstruktive Maßnahmen (z. B. Kugelrollspindeln u. Ä.) so eingeschränkt, dass sich oft nur der Meißelverschleiß auswirkt. Dies führt zu einer unsymmetrischen, der sogenannten „Schiefen Verteilung" (Weibullverteilung).

2. das untersuchte Merkmal **nicht** „nullbegrenzt" ist.

   Die Überprüfung von Form- und Lagetoleranzen oder Oberflächengüten führt deshalb oft nicht zu einer Normalverteilung.

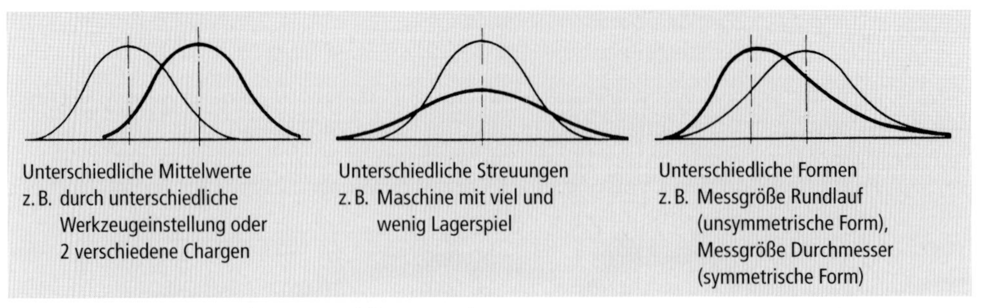

Bild 60: Mögliche Verteilungen und ihre Ursachen

2.6 | Kennwerte der Normalverteilung

Die Normalverteilung, die nach ihrem Entdecker auch Gauß'sche Verteilung und wegen ihrer Form Glockenkurve genannt wird, ist die am häufigsten vorkommende Messwert-Verteilung.

Die Verteilung ist symmetrisch und wird durch zwei Kenngrößen entscheidend charakterisiert.

Der **arithmetische Mittelwert** beschreibt den höchsten Punkt der Verteilung, ist also für die Lage der Gauß-Kurve verantwortlich.

Bezieht sich der Mittelwert auf die Grundgesamtheit, wird er mit μ bezeichnet, gilt er nur für eine Stichprobe nennt man ihn $\bar{x}$ (gesprochen: *x* quer)

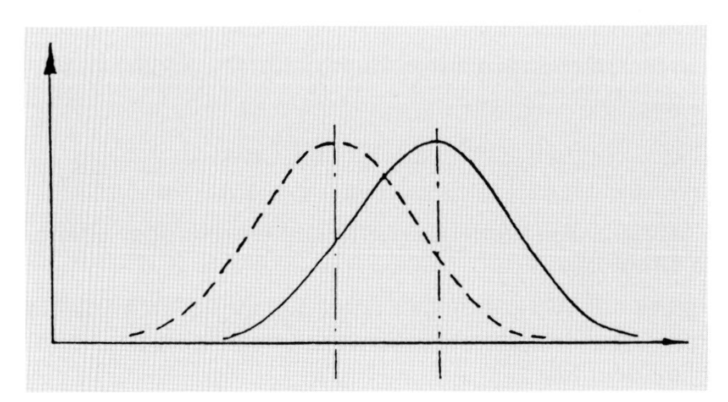

Bild 61: Auswirkungen unterschiedlicher Mittelwerte auf die Lage der Verteilung

Der zweite Parameter beschreibt die Breite der Verteilung, also die Streuung der Merkmalswerte.

Er wird **Standardabweichung** genannt und auf die Grundgesamtheit bezogen mit σ bezeichnet. Soll nur die Stichprobe beschrieben werden, heißt die Standardabweichung *s*.

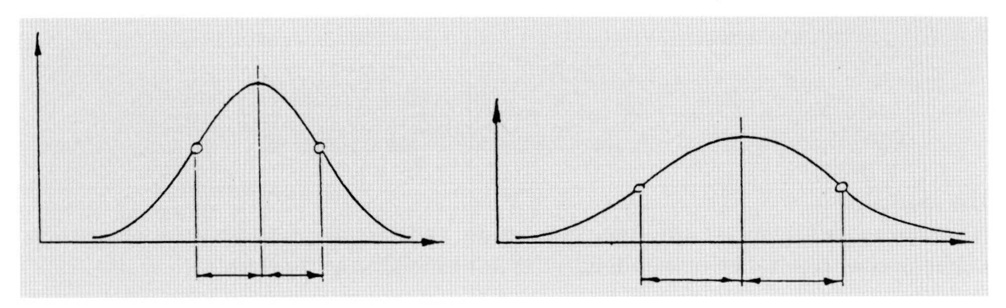

Bild 62: Einfluss der Standardabweichung auf die Normalverteilung

Die Fläche unter der Normalverteilungskurve entspricht den Säulen der Wahrscheinlichkeitsfunktion, also der Häufigkeit des Vorkommens der Messwerte.
Mit bekanntem Mittelwert und mehrfachen Werten der Standardabweichung *s*, lassen sich dann Bereiche angeben, innerhalb derer bestimmte Prozentsätze aller Messwerte liegen.

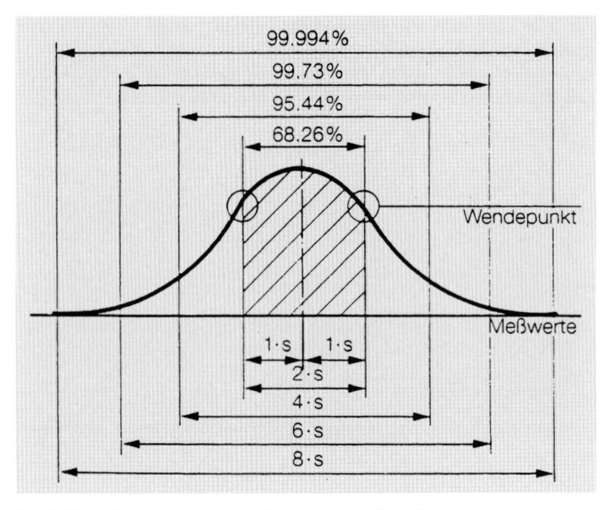

Bild 63: Die Normalverteilung nach Gauß

$\bar{x} \pm u \cdot s$ enthält *P* % der Messwerte, wobei der Faktor *u* als standardisierte Zufallsvariable bezeichnet wird.

- Bei Mittelwert ± 1 · Standardabweichung, also 2 · *s*, entspricht die Fläche unter der Normalverteilungskurve 68,26 % aller Werte.
- Bei Mittelwert ± 6 . Standardabweichung, also 6 · *s*, liegen 99,73 % aller Werte in diesem Bereich (s. Bild 63).

Im Folgenden wird die Berechnung der häufigsten statistischen Parameter (Kennwerte) vorgestellt.

Der arithmetische Mittelwert $\bar{x}$
Der arithmetische Mittelwert $\bar{x}$ ist der Durchschnitt aller erfassten Einzelwerte. Er wird, wie in der statistischen Qualitätskontrolle üblich, auf eine Stichprobe bezogen.

$\bar{x}$ ist ein Schätzwert für μ und je größer die Stichprobe, desto kleiner ist der Unterschied.

Berechnung des Mittelwertes $\bar{x}$:

$$\bar{x} = \frac{x_1 + x_2 + x_3 + \ldots + x_n}{n} = \frac{\Sigma x_i}{n} = \frac{\textbf{Summe aller erfassten Einzelwerte}}{\textbf{Anzahl der erfassten Einzelwerte}}$$

Der Median $\tilde{x}$

Der Median „*x* Schlange" (aus dem Spanischen: tilde) ist der mittlere Wert einer Stichprobe und wird seltener verwendet als der arithmetische Mittelwert.

Es gilt:

- für ungerades *n*: $\tilde{x}$ ist der Merkmalswert, der in der Mitte aller *n* Stichprobenwerte steht, wenn diese der Größe nach geordnet sind.
- für gerades *n*: $\tilde{x}$ ist der arithmetische Mittelwert aus den beiden in der Mitte der geordneten Stichprobe stehenden Werte.

Beispiel: Bolzen Ø 6h11

Aus der Urliste (Bild 56) werden die ersten 5 Messwerte ausgewählt. Es sind sowohl der arithmetische Mittelwert als auch der Median zu bestimmen.

1. Stichprobe: 5,964 mm; 5,954 mm; 5,965 mm; 5,964 mm; 5,953 mm

Lösung:

$$\bar{x} = \frac{5{,}964\text{ mm} + 5{,}954\text{ mm} + 5{,}965\text{ mm} + 5{,}964\text{ mm} + 5{,}953\text{ mm}}{5} = \frac{29{,}8\text{ mm}}{5} = 5{,}96\text{ mm}$$

$$\tilde{x} = 5{,}964\text{ mm}$$

Die Spannweite *R* (Range)

Die Spannweite *R* ist der Unterschied zwischen dem festgestellten größten und kleinsten Messwert:

$$R = x_{max} - x_{min}$$

Die Bedeutung der Stichprobenkennwerte soll am folgenden Beispiel erläutert werden:

Beispiel:

Stellen Sie die nachfolgende Stichprobe (6. Stichprobe der Urliste, Bild 56) grafisch dar und bestimmen Sie den arithmetischen Mittelwert, den Median und die Spannweite.

Stichprobe: 5,959 mm; 5,956 mm; 5,964 mm; 5,958 mm; 5,955 mm

Lösung:

Gemäß Klasseneinteilung (s. Bild 57) ergibt sich folgendes Säulendiagramm:

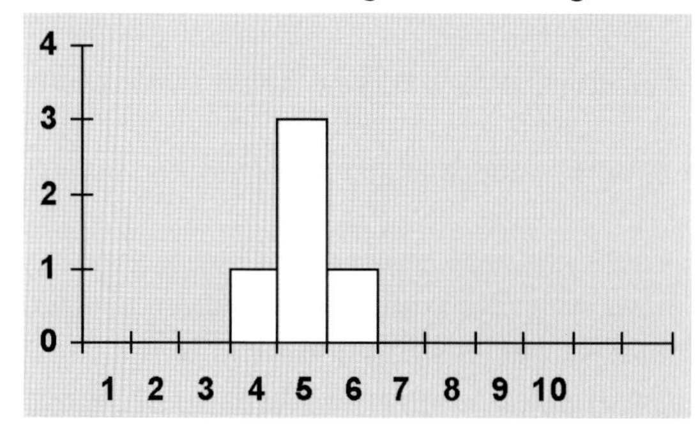

Bild 64: Darstellung einer Einzelstichprobe unter Beibehaltung der Klasseneinteilung aus 2.4.

$\bar{x} = \frac{29{,}792\text{ mm}}{5} = 5{,}9584\text{ mm}$;

$\tilde{x} = 5{,}958\text{ mm}$;

$R = 0{,}009\text{ mm}$

Die Standardabweichung *s*
Die Standardabweichung wird auf die Stichprobe bezogen s genannt. Sie ist ein Maß für die Breite einer Normalverteilungskurve und stellt den Abstand zwischen dem Mittelwert $\bar{x}$ und dem Wendepunkt der Normalverteilungskurve dar (s. Bild 63).

Die Standardabweichung spiegelt die Streuung eines Prozesses wider. Je größer die Streuung ist, desto größer ist auch die Standardabweichung.

Sie berechnet sich nach folgender Formel:

$$s = \sqrt{\frac{\Sigma (x_i - \bar{x})^2}{n-1}} = \sqrt{\frac{(\text{Messwert 1} - \text{Mittelwert})^2 + (\text{Messwert 2} - \text{Mittelwert})^2 + \ldots + (\text{Messwert } n - \text{Mittelwert})^2}{\text{Anzahl der Messwerte} - 1}}$$

Da die Berechnung mit der Formel etwas umständlich ist, übernimmt die Berechnung meist der Statistikmodus des Taschenrechners oder entsprechende Software auf dem PC.

Damit aber auch ohne entsprechende Hilfsmittel eine Bestimmung von s möglich ist, kann man für kleine Stichproben die Prozessstandardabweichung $\bar{s}$ zu Grunde legen.

Die zugehörige Beziehung lautet:

$$\bar{s} = \frac{a_n}{d_n} \cdot \bar{R}$$

Dabei ist $\bar{R}$ der Mittelwert der Spannweiten aller Stichproben und die Faktoren a_n **und** d_n sind in Abhängigkeit von der Stichprobengröße der Tabelle 1 im Anhang zu entnehmen.

Es gibt aber auch noch die Möglichkeit, die Kennwerte der Normalverteilung grafisch zu ermitteln.

Dazu wird die Urliste (s. Bild 56) aus dem Los Bolzen in das Wahrscheinlichkeitsnetz eingetragen. (Ein kopierfähiges Blanko-Wahrscheinlichkeitsnetz befindet sich im Anhang des Buches.)

Beschreibung der Vorgehensweise:

Da eine Klasseneinteilung und die Berechnung der Häufigkeit P in % bereits vorgenommen wurden, können die Werte sofort ins Wahrscheinlichkeitsnetz eingetragen werden:

1. Auf der x-Achse die Merkmalswerte notieren, sodass zum einen die Klassen zum anderen auch die Toleranzgrenzen zu finden sind.

2. Die Summenhäufigkeit entsprechend der y-Achse über der Klassenobergrenze eintragen.

3. Lässt sich durch die Punkte eine Gerade legen (unter $P = 10\,\%$ und über $P = 90\,\%$ können Punkte abweichen), liegt meist eine Normalverteilung vor.

4. Der 50 %-Punkt wird von der Geraden auf die x-Achse gelotet und ergibt den Mittelwert $\bar{x}$.

5. Durch den 50 %-Punkt auf der y-Achse wird eine Parallele zu der Messwertgeraden gezeichnet. Der Schnittpunkt auf der oberen waagerechten Achse (s_Z-Achse) wird abgelesen und mit der Teilung der x-Achse (b) multipliziert.
   Es ergibt sich die Streuung: $\boldsymbol{s = s_z \cdot b}$

6. Die Messwertgerade verlängern bis die untere bzw. obere Toleranzgrenze geschnitten wird. Vom Schnittpunkt parallel zur x-Achse ergeben sich rechts und links auf den y-Achsen die Anteile der Fertigung in %, die außerhalb der Toleranz liegen.

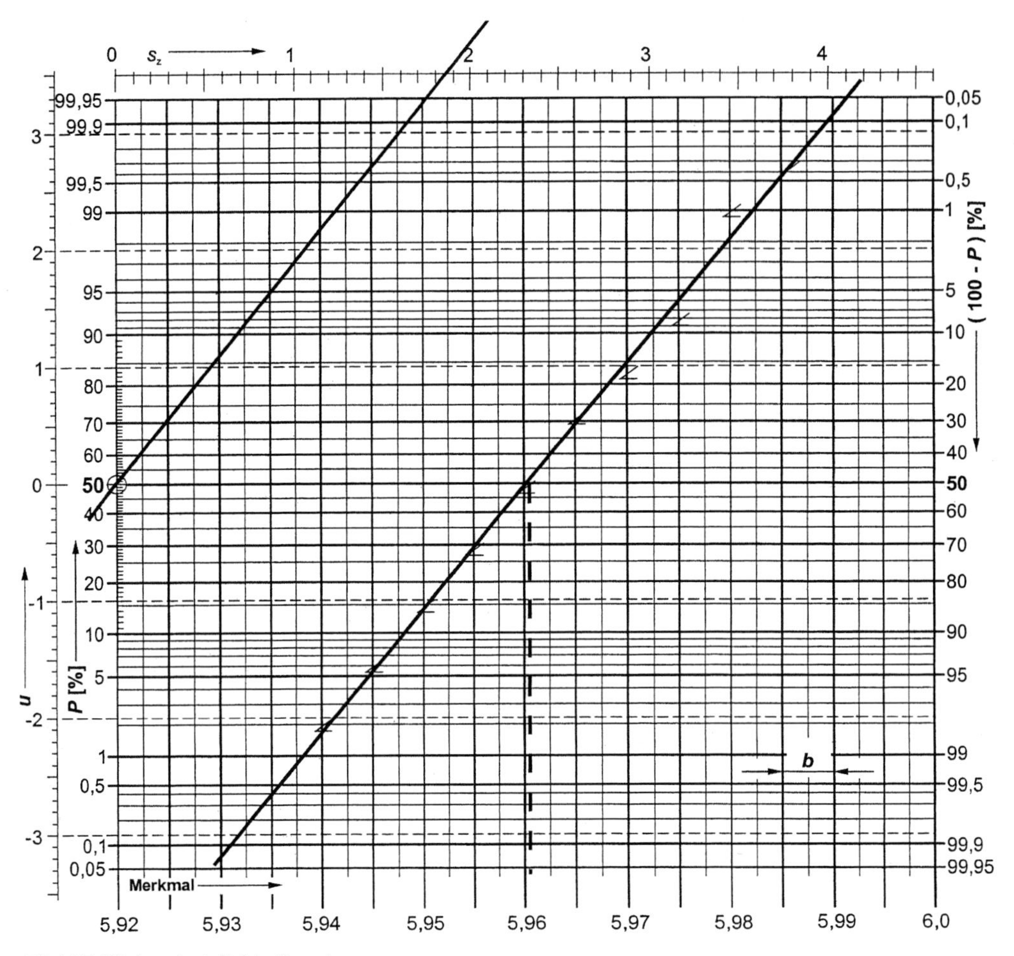

Bild 65: Wahrscheinlichkeitsnetz

Es ergeben sich:
$\overline{x}$ = 5,961 mm und und $s = s_Z \cdot b$ = 1,85 · 0,005 mm = 0,0093 mm

Für Stichproben kleiner als n = 25 ist die Berechnung der prozentualen Häufigkeit sehr problematisch. Man ordnet die Werte deshalb der Größe nach an und weist die Summenhäufigkeitswerte aus der Tabelle zu. Die Gesamttabelle für Stichproben bis n = 25 befindet sich im Anhang (s. Tabelle 2).

Stichprobengröße					
i	**6**	**7**	**8**	**9**	**10**
1	10,2	8,9	7,8	6,8	6,2
2	26,1	22,4	19,8	17,6	15,9
3	42,1	36,3	31,9	28,4	25,5
4	57,9	50,0	44,0	39,4	35,2
5	73,9	63,7	56,0	50,0	45,2
6	89,8	77,6	68,1	60,6	54,8
7		91,2	80,2	71,6	64,8
8			92,2	82,4	74,5
9				93,2	84,1
10					93,8

Bild 66: Summenhäufigkeiten für kleine Stichproben

Das Wahrscheinlichkeitsnetz liefert noch weitere Erkenntnisse. Trägt man die Toleranzgrenzen auf der Merkmalsachse ein, kann man den fehlerhaften Anteil der Fertigung anhand der Schnittpunkte mit der Geraden ablesen.
Im vorliegenden Fall ergeben sich keine Schnittpunkte, d.h. die gesamte Fertigung liegt innerhalb der Toleranz. Ursache ist die geringe Streuung, die sich in der Steigung $\frac{1}{s}$ der Geraden wiederspiegelt. Würde der Prozess stärker streuen, wäre die Gerade flacher und es würden sich Schnittpunkte ergeben.

Neben dieser grafischen Methode gibt es auch einen rechnerischen Weg, um festzustellen, wie viel % der Fertigung außerhalb der Toleranz zu erwarten sind. Es werden die sogenannte Überschreitungsanteile bestimmt:

$$u_{un} = \frac{\bar{x} - UGW}{s} \quad \text{und} \quad u_{ob} = \frac{OGW - \bar{x}}{s}$$

Hierbei bedeuten UGW die untere und OGW die obere Toleranzgrenze.

Mit den berechneten Überschreitungsanteilen wird aus Tabelle 3 des Anhanges der Prozentanteil der fehlerhaften Teile abgelesen (dabei wird vorausgesetzt, dass sich die Grundgesamtheit genauso verhält wie die Stichprobe). Beide Anteile addiert ergeben die Gesamtfehlerquote.

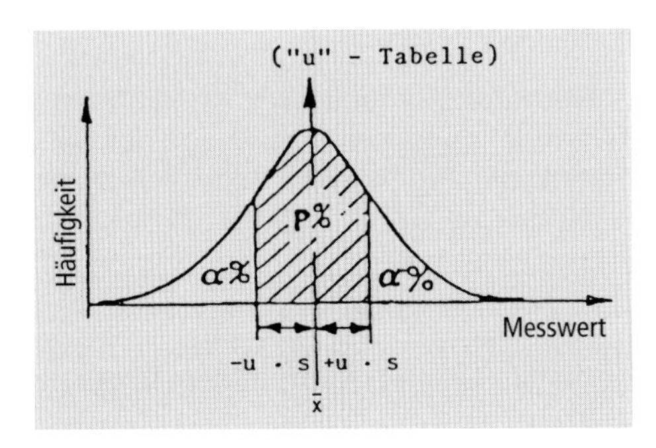

Es gilt:

$$P\,\% + 2\,\alpha \cdot \% = 100\,\%$$

Bild 67:
Summenfunktion für u (s. Tabelle 3 im Anhang)

Kontrollfragen:

1 | Beschreiben Sie die Gauß'sche Normalverteilung und geben Sie deren Kennwerte an.

2 | Bei der Bestimmung der Härtetiefe bei der Oberflächenhärtung werden in einer Stichprobe folgende Werte ermittelt (in μm): 17,5; 18,8 ; 19 ; 17,9 ; 18,7 Ermitteln und erläutern Sie den arithmetischen Mittelwert, den Median, die Spannweite und die Standardabweichung.

3 | Beim Einsatzhärten von Getriebewellen wird eine Stichprobe von 8 Wellen gezogen, um mittels Härteprüfung nach Rockwell festzustellen, ob die Vorgabe erreicht wird.
Dabei werden folgende Werte ermittelt: 58 ; 58 ; 56 ; 58 ; 57 ; 59 ; 56 ; 58
Geben Sie die zugehörigen Häufigkeiten in % zum Eintrag in ein Wahrscheinlichkeitsnetz an.

4 | Für den Außendurchmesser einer Welle gilt die Toleranz $100^{+0,2}_{-0,3}$ mm.
Bei der Stichprobenkontrolle ergeben sich der Mittelwert $\overline{x}$ = 100 mm und die Standardabweichung von s = 0,1 mm.
Berechnen Sie, wie viel % der Fertigung außerhalb der Toleranz liegen.

2.7 | Zufallsstreubereiche

Die Auswertung mittels Wahrscheinlichkeitsnetz liefert aber noch weitere Informationen.

Beispielsweise könnte interessant sein, wie sich die augenblicklich untersuchte Fertigung in Zukunft verhält, vorausgesetzt die Rahmenbedingungen bleiben unverändert. Natürlich können keine exakten Werte angegeben werden, sondern nur ein Wertebereich, in dem sich das Merkmal oder die statistischen Kenngrößen in Zukunft befinden. Die Größe des Bereiches ist abhängig von der Genauigkeit der Aussage, der sogenannten **Aussagewahrscheinlichkeit *P***. Meistens werden 90 % gewählt und auch hier soll mit diesem Wert gearbeitet werden.

Dazu wird angenommen, dass die eben ermittelten Kennwerte der Normalverteilung für die Grundgesamtheit gelten, die im Wahrscheinlichkeitsnetz eingezeichnete Gerade also der augenblicklichen Grundgesamtheit entspricht.

Es gilt also: μ = 5,961 mm σ = 0,0093 mm

2.7.1 | Zufallsstreubereich des Merkmalswertes

Vergegenwärtigt man sich nun, dass die Normalverteilung symmetrisch ist, kann man z. B. eine 90 %-Aussagewahrscheinlichkeit treffen, indem man die Gerade von der 5 %- und der 95 %-Wahrscheinlichkeit her schneidet und die zugehörigen Merkmalswerte abliest (s. Bild 68).

Im vorliegenden Fall erhält man also folgende Aussage für den sogenannten **zweiseitigen Zufallsstreubereich**:

Mit 90 % Wahrscheinlichkeit befindet sich der Merkmalswert in Zukunft in dem Intervall:

$$5{,}945 \text{ mm} \leq x \leq 5{,}976 \text{ mm}$$

Zur rechnerischen Überprüfung kann die folgende Formel herangezogen werden:

$$\mu - |u_\alpha| \cdot \sigma \leq x \leq \mu + |u_\alpha| \cdot \sigma$$

wobei u_α die bereits bekannte, standardisierte Zufallsvariable ist.

Sie wird nach Tabelle 3 (siehe Anhang) in Abhängigkeit der Irrtumswahrscheinlichkeit α bestimmt. Da hier mit einer Aussagewahrscheinlichkeit von 90 % gearbeitet wird, beträgt aufgrund der Symmetrie der Normalverteilung die Irrtumswahrscheinlichkeit beidseitig 5 %.

Es gilt bekanntlich (s. S. 71):

$$P\,\% + 2\,\alpha \cdot \% = 100\,\%$$

Rechnerisch ergibt sich also folgendes Intervall:

$$5{,}961 \text{ mm} - 1{,}645 \cdot 0{,}0093 \text{ mm} \leq x \leq 5{,}961 \text{ mm} + 1{,}645 \cdot 0{,}0093 \text{ mm}$$

$$5{,}946 \text{ mm} \leq x \leq 5{,}976 \text{ mm}$$

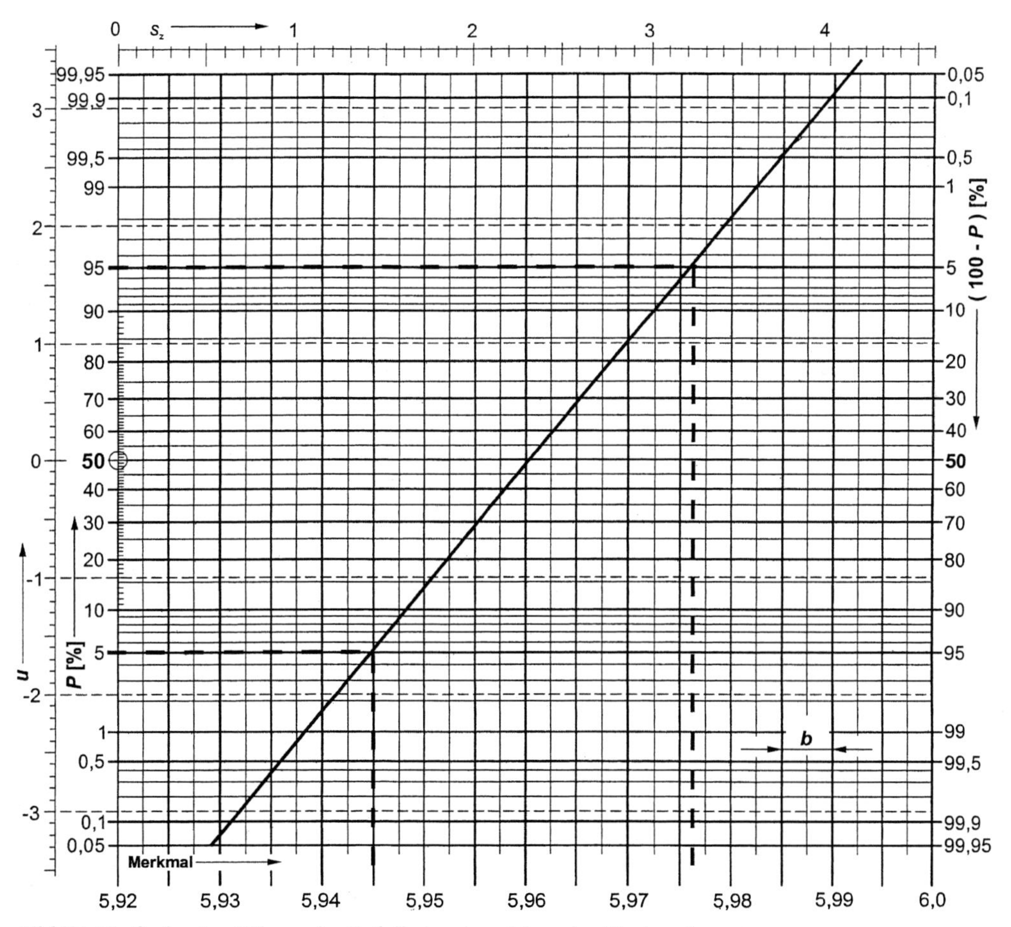

Bild 68: Grafische Ermittlung des Zufallsstreubereiches der Merkmalswerte

Auch die Frage nach einem einseitigen Zufallsstreubereich erscheint denkbar.
Die Frage lautet dann beispielsweise:
Bis zu welchem Höchstmaß wird der Bolzen Ø 6h11 mit 90 %-Wahrscheinlichkeit in Zukunft gefertigt?

Zur rechnerischen Lösung wird die oben erwähnte Formel entsprechend verändert:

$$-\infty \leq x \leq \mu + |\boldsymbol{u}_\alpha| \cdot \sigma$$

Da die kleinen Maße gemäß der Fragestellung irrelevant sind, wird die Irrtumswahrscheinlichkeit α = 10 % auch nur auf der rechten Seite der Normalverteilung eingetragen und es ergibt sich folgendes Ergebnis:

$$-\infty \leq x \leq 5{,}961 \text{ mm} + 1{,}28 \cdot 0{,}0093 \text{ mm}$$

$$-\infty \leq x \leq 5{,}973 \text{ mm}$$

Aus dem Wahrscheinlichkeitsnetz (s. Bild 68) ergäbe sich gerundet ebenfalls:

$$-\infty \leq x \leq 5{,}973 \text{ mm}$$

Wird der einseitige Zufallsstreubereich zur anderen Seite hin betrachtet, gelten die Überlegungen natürlich entsprechend umgekehrt.

2.7.2 | Zufallsstreubereich des Mittelwertes

Liegt seitens der Grundgesamtheit eine Normalverteilung vor, verhalten sich auch die Mittelwerte zugehöriger Stichproben normalverteilt. Die Streubreite der Mittelwerte ist dabei wesentlich geringer als bei den Merkmalswerten, so dass für die grafische Lösung im Wahrscheinlichkeitsnetz eine andere Gerade zu Grunde gelegt werden muss.

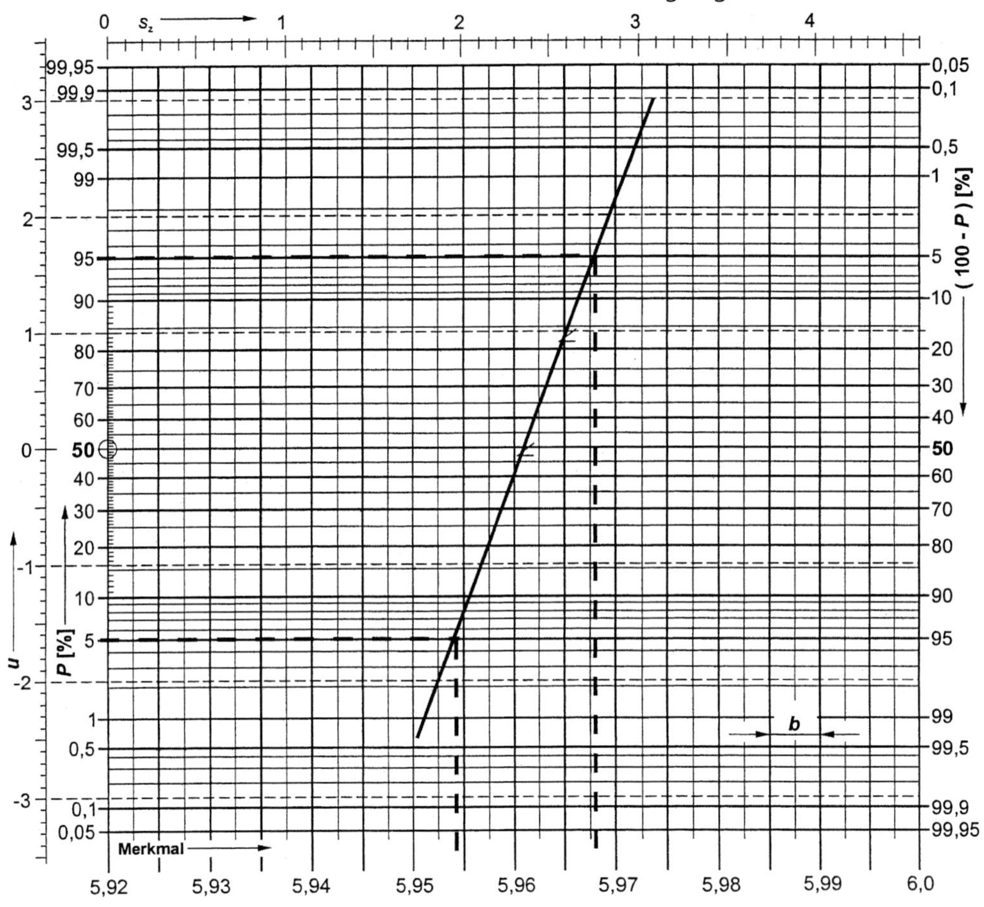

Bild 69: Grafische Ermittlung des Zufallsstreubereiches der Mittelwerte

Die Gerade wird steiler, da die Streuung nach dem „**Zentralen Grenzwertsatz**" der Statistik ermittelt wird:

$$\sigma_{\bar{x}} = \frac{\sigma_x}{\sqrt{n}}$$

Neben der Streuung, die sich bei 5er-Stichproben zu $\sigma_{\bar{x}} = 0{,}004$ mm ergibt, dient der Mittelwert der Grundgesamtheit $\mu = 5{,}961$ mm als Ausgangspunkt für die Ermittlung der Geraden.

Anschließend wird ebenso verfahren wie beim Zufallsstreubereich des Merkmalswertes. Für eine Aussagewahrscheinlichkeit von 90 % ergibt sich der Zufallsstreubereich der zukünftigen Mittelwerte zu:

$$5{,}954 \text{ mm} \leq \bar{x} \leq 5{,}968 \text{ mm}$$

Rechnerisch muss auch die verringerte Streuung gegenüber dem Zufallsstreubereich des Merkmalswertes berücksichtigt werden, sodass sich folgende Formel ergibt:

$$\mu - |u_\alpha| \cdot \frac{\sigma}{\sqrt{n}} \leq \bar{x} \leq \mu + |u_\alpha| \cdot \frac{\sigma}{\sqrt{n}}$$

Bezogen auf das Beispiel des Bolzens Ø 6h11 errechnet man das gleiche Intervall wie im Wahrscheinlichkeitsnetz abgelesen:

$$5{,}961 \text{ mm} - 1{,}645 \frac{0{,}0093 \text{ mm}}{\sqrt{5}} \leq \bar{x} \leq 5{,}961 \text{ mm} + 1{,}645 \frac{0{,}0093 \text{ mm}}{\sqrt{5}}$$

Mit 90 % Wahrscheinlichkeit gilt: $5{,}954 \text{ mm} \leq \bar{x} \leq 5{,}968 \text{ mm}$

Der einseitige Zufallsstreubereich im Zusammenhang mit dem Mittelwert hat praktisch keine Bedeutung.

2.7.3 | Zufallsstreubereich der Standardabweichung

Die Standardabweichung verhält sich nicht normalverteilt, sondern wie bei jedem nullbegrenzten Merkmal, liegt eine schiefe bzw. asymmetrische Verteilung, hier die χ^2-Verteilung, vor.

Folglich kann auch das Wahrscheinlichkeitsnetz nicht eingesetzt werden und so wird hier nur die rechnerische Lösung aufgeführt.

Die Formel lautet:

$$\sqrt{\frac{\chi^2_{FG;\,\frac{\alpha}{2}}}{FG}} \cdot \sigma \leq s \leq \sqrt{\frac{\chi^2_{FG;\,1-\frac{\alpha}{2}}}{FG}} \cdot \sigma$$

Die Werte für χ^2 können der Tabelle 4 im Anhang entnommen werden, wobei der Freiheitsgrad mit

$$FG = n - 1$$

definiert ist. Das Spaltenkriterium der Tabelle ist die Aussagewahrscheinlichkeit *P*.

Geht man wieder von einer Zutreffenswahrscheinlichkeit von 90 % aus, liegt die Irrtumswahrscheinlichkeit α zur Hälfte unterhalb und oberhalb des Zufallsstreubereiches, sodass die Werte bei 5 % und 95 % aus der Tabelle entnommen werden müssen.

Mit dem nachfolgenden Tabellenausschnitt ergibt sich für das vorliegende Beispiel:

$$\sqrt{\frac{0{,}711}{4}} \cdot 0{,}0093 \text{ mm} \leq s \leq \sqrt{\frac{9{,}488}{4}} \cdot 0{,}0093 \text{ mm}$$

$$\Rightarrow 0{,}004 \text{ mm} \leq s \leq 0{,}014 \text{ mm}$$

Mit 90 % Wahrscheinlichkeit liegt die Standardabweichung zukünftiger Stichproben zwischen 0,004 mm und 0,014 mm. Voraussetzung ist natürlich, dass sich im Prozessablauf der Fertigung nichts Grundsätzliches ändert.

FG	P in %												
	99,5	99	97,5	95	90	75	50	25	10	5	2,5	1	0,5
1	7,879	6,635	5,034	3,841	2,706	1,323	0,455	$0{,}102^{-2}$	$1{,}58^{-3}$	$3{,}93^{-4}$	$9{,}82^{-4}$	$1{,}57^{-5}$	3,93
2	10,60	9,210	7,378	5,991	4,605	2,773	1,386	0,575	0,211	$0{,}103^{-2}$	$5{,}06^{-2}$	$2{,}01^{-2}$	1,00
3	12,84	11,34	9,348	7,815	6,251	4,108	2,366	1,213	0,584	0,352	0,216	$0{,}115^{-2}$	7,17
4	14,86	13,28	11,14	9,488	7,779	5,385	3,357	1,923	1,064	0,711	0,484	0,297	0,207
5	16,75	15,09	12,83	11,07	9,236	6,626	4,351	2,675	1,610	1,145	0,381	0,554	0,412

Bild 70: Auszug aus der Tabelle der χ^2-Verteilung

Kontrollfragen:

1 | Wie verhält sich der Zufallsstreubereich in Abhängigkeit der Aussagewahrscheinlichkeit?

2 | Eine Härterei stellt in einem sicher ablaufenden Prozess Werkstücke mit folgenden Kennwerten her:

$$\mu = 60\ \text{HRC}; \quad \sigma = 1{,}5\ \text{HRC}$$

Geben Sie mit 90 %iger Aussagewahrscheinlichkeit an, bis zu welchem kleinsten Härtewert die Werkstücke in Zukunft bei unverändertem Prozessablauf produziert werden.

3 | Bei der spanenden Fertigung von Getriebewellen wird ein Außendurchmesser als wichtiges Funktionsmerkmal überprüft. Der stabil laufende Prozess liefert die folgenden Werte:

$$\mu = 20\ \text{mm}; \quad \sigma = 0{,}02\ \text{mm}$$

Berechnen Sie, in welchem Bereich der Mittelwert und die Standardabweichung zukünftiger Stichproben mit einer Zutreffenswahrscheinlichkeit von 95 % liegen.

4 | Erläutern Sie den Unterschied zwischen dem Zufallsstreubereich und dem Vertrauensbereich für den arithmetischen Mittelwert oder die Standardabweichung.

2.8 | Prozesskennwerte

Für die Berechnung von Prozess-Kennwerten wird die statistische Eigenschaft verwendet, dass sich die Mittelwerte hinreichend vieler Stichproben normalverteilt verhalten. Grundlage sollten mindestens 100 Werte sein.

Dazu wird die Urliste des Bolzens Ø 6h11 (vgl. Bild 56) als 20 Stichproben à 5 Teile aufgefasst: (Angaben in mm)

Stichprobe	**1**	**2**	**3**	**4**	**5**	**6**	**7**	**8**	**9**	**10**
Messwert 1	5,964	5,959	5,976	5,972	5,957	5,951	5,962	5,966	5,979	5,962
Messwert 2	5,954	5,956	5,958	5,964	5,965	5,956	5,971	5,965	5,972	5,966
Messwert 3	5,965	5,964	5,954	5,964	5,954	5,956	5,967	5,949	5,954	5,967
Messwert 4	5,964	5,958	5,957	5,977	5,953	5,947	5,968	5,955	5,961	5,959
Messwert 5	5,953	5,955	5,963	5,965	5,963	5,963	5,970	5,963	5,950	5,969
$\bar{x}$	5,960	5,9584	5,9616	5,9684	5,9584	5,9546	5,9676	5,9596	5,9632	5,9646
s	0,006	0,0035	0,0087	0,0059	0,0054	0,006	0,0035	0,0073	0,012	0,004

Stichprobe	**11**	**12**	**13**	**14**	**15**	**16**	**17**	**18**	**19**	**20**
Messwert 1	5,942	5,944	5,938	5,944	5,951	5,936	5,962	5,956	5,962	5,956
Messwert 2	5,949	5,950	5,949	5,948	5,963	5,957	5,968	5,966	5,973	5,952
Messwert 3	5,958	5,958	5,955	5,966	5,957	5,960	5,956	5,954	5,980	5,976
Messwert 4	5,962	5,960	5,940	5,970	5,973	5,945	5,974	5,972	5,985	5,964
Messwert 5	5,970	5,972	5,958	5,952	5,948	5,939	5,976	5,980	5,982	5,972
$\bar{x}$	5,9562	5,9568	5,948	5,956	5,9584	5,9474	5,9672	5,9656	5,9764	5,964
s	0,011	0,0106	0,009	0,0114	0,010	0,0107	0,0083	0,0109	0,01	0,0102

Die Prozess-Kennwerte lauten:

Prozess-Mittelwert: $\bar{\bar{x}}$ (gesprochen: *x* doppelquer)

Prozess-Standardabweichung: $\bar{s}$ (gesprochen: *s* quer)

Prozess-Spannweite: $\bar{R}$ (gesprochen: *R* quer)

Zur Ermittlung dieser Prozesskennwerte wird auf die bereits ermittelten Stichprobenergebnisse $\bar{x}$ (Mittelwert) und *s* (Standardabweichung) zurückgegriffen.
Lägen nur die Spannweiten vor, könnte die Prozess-Standardabweichung auch mit der nachfolgenden Faustformel ermittelt werden:

$$\bar{s} = 0{,}4 \cdot \bar{R}$$

Da sich die Mittelwerte und Standardabweichungen von Stichproben ausreichend genau normalverteilt verhalten, können die zugehörigen Prozess-Kennwerte als Durchschnittswerte ermittelt werden:

$$\bar{\bar{x}} = \frac{\text{Summe } \bar{x} \text{ aus allen Stichproben}}{\text{Anzahl der Stichproben}}$$

$$\bar{s} = \frac{\text{Summe } s \text{ aus allen Stichproben}}{\text{Anzahl der Stichproben}}$$

Damit ergeben sich die folgenden konkreten Prozess-Kennwerte:

$$\bar{\bar{x}} = 5{,}96062 \text{ mm} \approx 5{,}961 \text{ mm}$$

$$\bar{s} = 0{,}00822 \text{ mm} \approx 0{,}008 \text{ mm}$$

Kontrollfragen:

1 | Erläutern Sie den Begriff „Prozesskennwerte".

2 | Zur Überprüfung des Längenmerkmals 20 + 0,1 mm liegen der Mittelwert und die Spannweite von 10 Stichproben à 10 Teile vor. Die Werte sind in der folgenden Tabelle zusammengestellt: (Angaben in mm)

Stichprobe	1	2	3	4	5	6	7	8	9	10
$\bar{x}$	20,03	20,02	20,04	20,01	20,02	20,03	20,09	20,05	20,08	20,07
R	0,04	0,03	0,05	0,05	0,03	0,06	0,03	0,06	0,04	0,05

Berechnen Sie den Prozess-Mittelwert und die Prozess-Standardabweichung.

2.9 | Prozessfähigkeit

Damit in der Fertigung weder Ausschuss noch Nacharbeit anfallen, muss der Fertigungsprozess beherrscht sein, d.h. den gestellten Anforderungen mit ausreichend hoher Sicherheit genügen.

Nach Ford wird die Prozessfähigkeit als Fähigkeit eines Fertigungsprozesses definiert, Teile derart zu bearbeiten, dass die erzeugten Merkmalswerte mit genügender Wahrscheinlichkeit innerhalb bestimmter Grenzwerte liegen.

Dazu wird eine Langzeituntersuchung von mindestens 100 Messwerten aus einzelnen Stichproben $n \geq 3$ zu Grunde gelegt. Die aus ihr ermittelten Prozesskennwerte werden in eine für die Grundgesamtheit geschätzte Standardabweichung $\hat{\sigma}$ (gesprochen: Sigma Dach) umgerechnet:

$$\hat{\sigma} = \frac{\bar{R}}{d_n} \text{ oder } \hat{\sigma} = \frac{\bar{s}}{a_n}$$

Die Schätzfaktoren können dem nachfolgenden Tabellenauszug (Gesamttabelle im Anhang) entnommen werden. Damit ergibt sich folgender Wert für die Standardabweichung:

n	a_n	d_n
4	0,921	2,059
5	0,940	2,326
6	0,952	2,534

$$\hat{\sigma} = \frac{0{,}008 \text{ mm}}{0{,}940} = 0{,}0085 \text{ mm}$$

Anschließend wird das Verhältnis der Toleranzvorgabe und der geschätzten Standardabweichung gemäß nachstehender Formel gebildet und als Prozessfähigkeitswert c_p bezeichnet:

$$c_p = \frac{T}{6 \cdot \hat{\sigma}}$$

T ≡ Vorgegebene **T**oleranz
c ≡ **c**apability ≡ Fähigkeit
p ≡ **p**rocess ≡ Prozess

Die Toleranz unseres bereits mehrfach betrachteten Bolzens Ø 6h11 beträgt 0,075 mm. Daraus errechnet sich der folgende Prozessfähigkeitswert:

$$c_p = \frac{0{,}075 \text{ mm}}{6 \cdot 0{,}0085 \text{ mm}} = 1{,}47$$

Je kleiner die Standardabweichung ist, desto größer wird der c_p-Wert.
Das Ziel der „Null-Fehler-Fertigung" rückt näher, wenn der c_p-Wert 1,33 (Toleranz wird mit einer Breite $8\hat{\sigma}$ bewertet, was einer Fertigungswahrscheinlichkeit von 99,994 % entspricht) oder größer ist. Man spricht dann auch von einer sicheren Fertigung.

Umgekehrt steigt die Wahrscheinlichkeit, dass Teile beiderseits der Toleranzgrenzen entstehen, je kleiner der Prozessfähigkeitswert wird.

Da bei diesem Kennwert zudem nur die Streuung berücksichtigt wird, muss darauf hingewiesen werden, dass die Mittelwerte der Stichproben etwa in Mittellage der Toleranz sein müssen, um sicherzustellen, dass der Prozess beherrscht bleibt.

Je größer der c_p-Wert ist, desto mehr Spielraum besteht für Mittelwertschwankungen, da die Normalverteilungskurve immer schlanker wird (s. Bild 71).

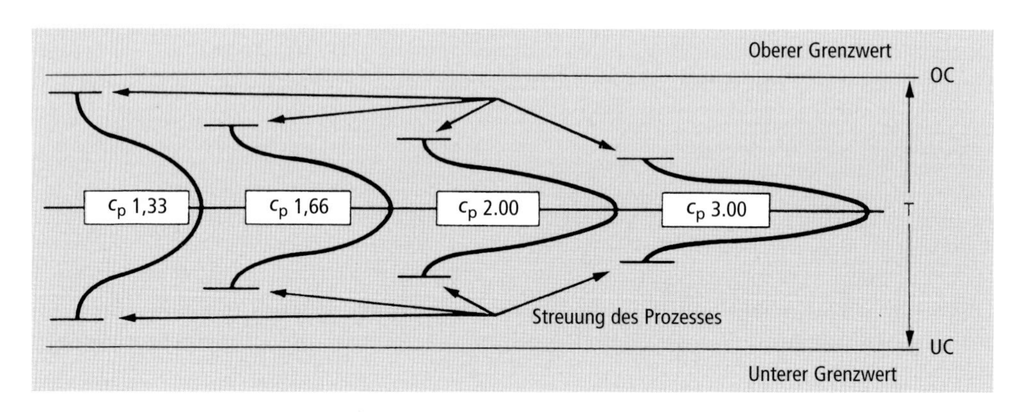

Bild 71: Fertigung mit unterschiedlichen c_p-Werten

Ist bekannt, dass die Lage des Mittelwertes schwankt und soll diese deshalb mitberücksichtigt werden, arbeitet man mit dem Prozessfähigkeitswert c_{pk}.
Dabei wird auch hier als Mindestanforderung für einen sicheren Prozess eine Prozessstreuung von $6\hat{\sigma}$ zugrunde gelegt, sodass im theoretisch günstigsten Fall, dass $\bar{\bar{x}}$ auf der Toleranzmitte liegt, der Abstand rechts und links zur Toleranzgrenze jeweils $3\hat{\sigma}$ beträgt.

Da in der Praxis dieser Idealfall selten eintritt, muss zunächst die Lage des Mittelwertes genau ermittelt werden:

$$Z_{ob} = OGW - \bar{\bar{x}}$$

$$Z_{un} = \bar{\bar{x}} - UGW$$

Der kleinere Wert wird als **kritisch** Z_{krit} bezeichnet, weil dort der Mittelwert näher an der Toleranzgrenze liegt. Mit diesem Z_{krit} errechnet man daraufhin den c_{pk}-Wert:

$$c_{pk} = \frac{Z_{krit}}{3\,\hat{\sigma}}$$

Der vorliegende Bolzen Ø 6h11 hat die Toleranzgrenzwerte:

$$OGW = 6{,}00 \text{ mm}$$

$$UGW = 5{,}925 \text{ mm}$$

Mit unserem ermittelten Prozess-Mittelwert von 5,961 mm ergeben sich folgende Toleranzgrenzenabstände:

$$Z_{ob} = 6{,}00 \text{ mm} - 5{,}961 \text{ mm} = 0{,}039 \text{ mm}$$

$$Z_{un} = 5{,}961 \text{ mm} - 5{,}925 \text{ mm} = 0{,}036 \text{ mm}$$

Damit ist in diesem Beispiel Z_{un} der kleinere Wert, d. h. die Mittellage der Gauß-Verteilung hat zur unteren Toleranzgrenze den geringeren Abstand. Folglich wird diese Seite als kritisch definiert, da hier eher eine Toleranzüberschreitung droht als auf der anderen Seite.

$$\Rightarrow Z_{krit} = 0{,}036 \text{ mm}$$

Der Prozessfähigkeitswert c_{pk} ergibt sich deshalb zu:

$$c_{pk} = \frac{0{,}036 \text{ mm}}{3 \cdot 0{,}0085 \text{ mm}} = 1{,}41$$

Auch hier wird ein Wert größer 1,33 angestrebt, da aufgrund der Null-Fehler-Philosophie die Toleranzbreite $8\,\hat{\sigma}$ betragen sollte.

Neben der ausführlich behandelten, klassischen Gauß'schen Normalverteilung, gibt es eine Vielzahl veränderter Erscheinungsformen dieser Häufigkeitsverteilung.

Nachfolgend werden einige in der Praxis häufiger auftretende Verteilungen und ihr Zusammenhang mit der Toleranz vorgestellt:

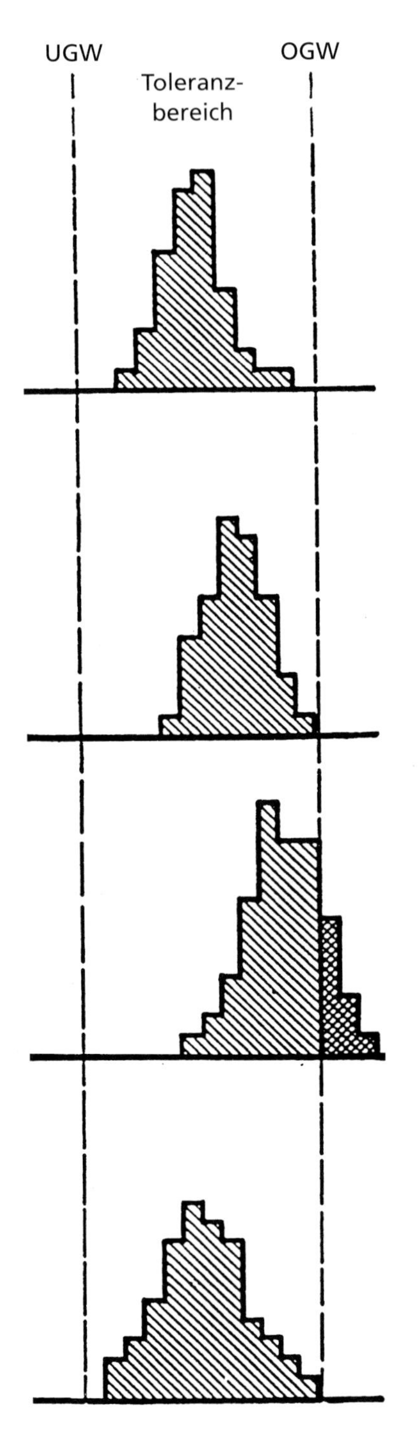

Die Streubreite ist wesentlich kleiner als die Toleranz. Der Mittelwert stimmt aber gut mit der Toleranzmitte überein.

Die Streubreite ist wesentlich kleiner als die Toleranz, hier weicht der Mittelwert von der Toleranzmitte ab.

Die Streubreite entspricht etwa der Breite des Toleranzbereiches.
Der Mittelwert weicht wesentlich von der Toleranzmitte ab, dadurch entsteht Ausschuss.

Die Streubreite entspricht etwa der Breite des Toleranzbereiches, der Mittelwert stimmt gut mit der Toleranzmitte überein.
Dennoch eine kritische Verteilung, da bereits eine geringe Verschiebung des Mittelwertes zu Ausschuss führen würde.
Es muss folglich entweder die Streuung verringert oder die Toleranzbreite erhöht werden.

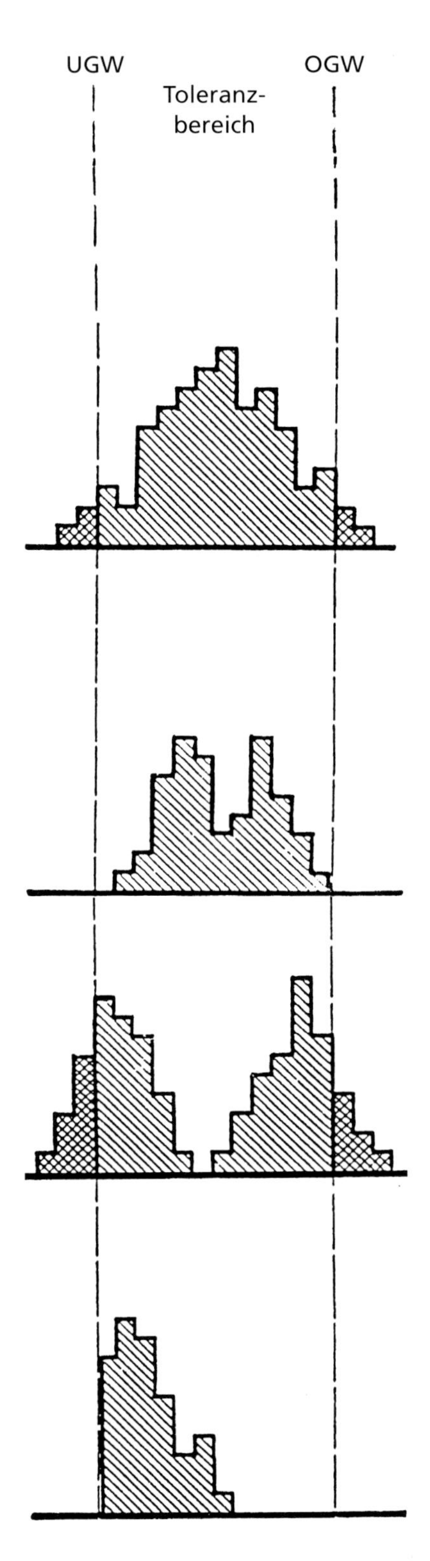

Der Mittelwert stimmt gut mit der Toleranzmitte überein, aber die Breite der Streuung ist größer als die Toleranzbreite.
Die Toleranzgrenzen werden auf beiden Seiten überschritten, es entsteht also Nacharbeit und Ausschuss.
Der Prozess muss verbessert (Verringerung der Streuung) oder die Toleranz wesentlich vergrößert werden.

Hier liegt offensichtlich die Überlagerung zweier Verteilungen mit verschiedenen Mittelwerten (z.B. durch Werkzeug- oder Materialchargenwechsel) und geringen Streubreiten vor. Die zusammengesetzte Streuung fällt aber gerade noch in die Toleranzbreite.

Es liegt eine Überlagerung zweier Verteilungen mit sehr verschiedenen Mittelwerten vor. Trotz der geringen Streuungen der einzelnen Verteilungen, ist die zusammengesetzte Streuung so groß, dass sich Überschreitungen beider Toleranzgrenzen ergeben.

Hier liegt keine sogenannte „Schiefe Verteilung" vor, sondern die Verteilung ist durch Aussortieren aller Stücke unterhalb der linken Toleranzgrenze gestutzt.
Die Streubreite der ursprünglichen Verteilung entspricht etwa der Toleranzbreite, so dass das Sortieren durch eine Verschiebung des Prozesses (Mittelwertes) in die Toleranzmitte vermieden werden kann.

Kontrollfragen:

1 | Erläutern Sie die Bedeutung der Prozessfähigkeitskennwerte c_p und c_{pk}.

2 | Das Zeichnungsmaß für eine Aussparung lautet 7,5 ± 0,1 mm. Die Messwerte sind normalverteilt und werden mit einer Standardabweichung von $s = 0{,}05$ mm ermittelt.
Berechnen Sie die Prozessfähigkeit bezogen auf diese Stichprobe und diskutieren Sie das Ergebnis.

3 | Ein Zulieferer hat zugesagt, eine kritische Prozessfähigkeit von $c_{pk} \geq 1{,}33$ einzuhalten.
Das geforderte Zeichnungsmaß 12,2 ± 0,25 mm wird mit einer stabilen Standardabweichung von $\sigma = 0{,}05$ mm eingehalten.
In welchem Bereich kann der Mittelwert der Stichproben schwanken, ohne dass die Vorgabe verletzt wird?

4 | Ein Wellendurchmesser wird laut Zeichnung mit 20 + 0,2 mm gefordert. Die Stichprobenerhebung ($n = 5$) liefert einen Prozess-Mittelwert von 20 mm und eine Prozess-Standardabweichung von 0,02 mm.
a) Ermitteln Sie c_p und c_{pk} und interpretieren Sie die Ergebnisse.
b) Wie viel % der Teile liegen unterhalb der unteren Toleranzgrenze?

2.10 | Qualitätsregelkarten

Da in jeder Fertigung Schwankungen auftreten, hat die statistische Qualitätssicherung in erster Linie die Aufgabe, diese Schwankungen nachzuweisen, um in der Folge durch geeignete Maßnahmen die vermeidbaren Schwankungen zu beseitigen.

Die Qualitätsregelkarte, 1925 vom Amerikaner Shewhart entwickelt, übernimmt also die laufende Überwachung des Fertigungsprozesses auf Stichprobenbasis, d. h. es werden in zeitlich festgelegter Folge Messwerte (Urwerte) oder daraus ermittelte Statistikgrößen (z. B. Mittelwert oder Standardabweichung) in der Qualitätsregelkarte computerunterstützt festgehalten.

Damit wird die Unterscheidung zwischen unvermeidbaren, zufälligen und vermeidbaren, systematischen Einflüssen ermöglicht. Folglich werden objektive Grundlagen zur Beurteilung und Verbesserung eines Prozesses geschaffen.

Die Sicherung des Qualitätsstandards wird vor Ort durch rechtzeitiges Eingreifen entsprechend geschulter Mitarbeiter in den Fertigungsprozess gewährleistet. Das bedeutet, dass Fehler weitgehend vermieden und nicht nur beseitigt werden können.

Die Investition für eine umfassende Prozessüberwachung wird damit mittel- und langfristig rentabel.

Zudem bietet die Dokumentation der Fertigung mithilfe der Qualitätsregelkarte die Möglichkeit sowohl Auswirkungen technischer Änderungen im Fertigungsprozess zu verfolgen und damit die Prozessführung auch in Bezug auf unvermeidbare Schwankungen zu verbessern als auch die qualitative Veränderung der Produktionsmaschinen zu überwachen.

2.10.1 | Aufbau der Qualitätsregelkarten

Die Qualitätsregelkarte entspricht der grafischen Darstellung von Werten im zweiachsigen Koordinatensystem.
Man unterscheidet dabei grundsätzlich Qualitätsregelkarten für attributive Merkmale (Zählkarten) und für variable Merkmale (z. B. Messwerte).
Die Zählkarte, die z. B. die Anzahl fehlerhafter Teile je Stichprobe erfasst, wird hier nicht näher erläutert.
Die Qualitätsregelkarte für variable Merkmale zeigt auf der x-Achse eine Zeiteinteilung, enthält also die Zeitpunkte, wann die jeweilige Stichprobe entnommen und gemäß der zu prüfenden Merkmale ausgewertet wird.
Die y-Achse enthält den Wertebereich des zu überwachenden Qualitätsmerkmals (z. B. Durchmesser, Härtewert o. Ä.).

Um beurteilen zu können, ob die Messwerte innerhalb vorher festgelegter Grenzen liegen, werden diese zuerst in die Karte eingetragen. Je nach Kartentyp werden die Grenzen unterschiedlich ermittelt.

Stellvertretend sollen hier die Prozessregelkarte nach Shewhart und die Annahmeregelkarte verglichen werden.

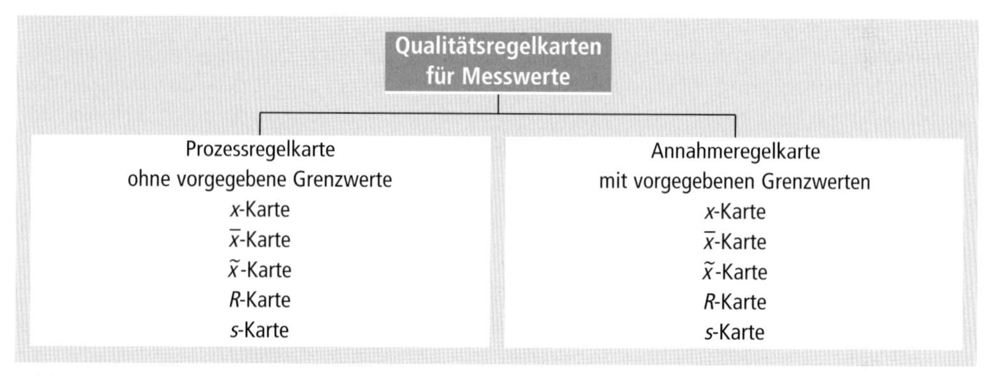

Bild 72: Einteilung von Qualitätsregelkarten

Die Prozessregelkarte enthält Warn- und Eingriffsgrenzen, die unabhängig von den Toleranzgrenzen auf der Grundlage des Prozessverhaltens ermittelt werden. (s. 2.10.2–4)

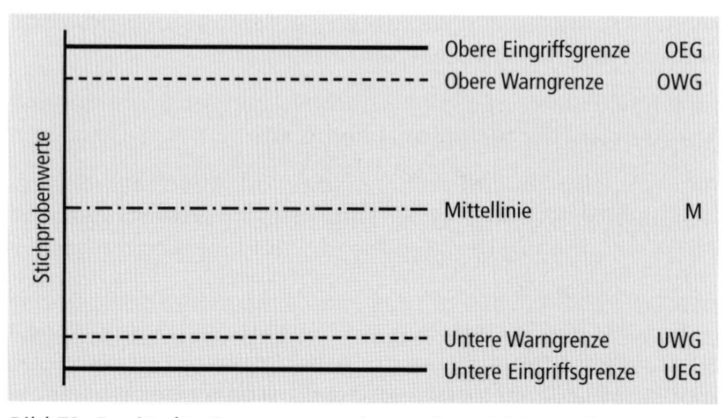

Bild 73: Ermittelte Grenzen aus einem eingerichteten Prozess

Die Qualitätsregelkarte zeigt neben den Grenzen auch eine Mittellinie zur besseren Verfolgung der Mittellage der Merkmalswerte.
Werden die Warngrenzen von den ermittelten Werten erreicht, muss der weitere Prozess mit erhöhter Aufmerksamkeit verfolgt werden, d.h. beispielsweise häufiger Stichproben entnommen werden. Werden die Eingriffsgrenzen überschritten, müssen Prozessgrößen verändert werden, sodass der Prozess wieder innerhalb der Grenzen ablaufen kann und die zuletzt gefertigten Teile aussortiert werden.

Die Annahmeregelkarte enthält keine Warngrenzen. Die Eingriffsgrenzen sind in einem konstanten Abstand zu den Toleranzgrenzen festgelegt.
Dieser Abstand gewährleistet mit einer vorgegebenen Sicherheit, dass ein zulässiger Fehleranteil bis zum Überschreiten der Eingriffsgrenzen eingehalten wird. Voraussetzung ist natürlich, dass die Grundgesamtheit unverändert bleibt und dass die Streuung der Stichproben nahezu konstant und klein gegenüber der Toleranzvorgabe ist.

Die Mittelwerte der Stichproben können jedoch schwanken. Diese Schwankungen führen bei eine Überwachung mit Prozessregelkarten zu häufigen Grenzüberschreitungen und damit Eingriffen, obwohl die Teile in Ordnung sein können.
Ursache dafür sind die Eingriffsgrenzen, die toleranzunabhängig gebildet werden. Es wird die Prozessstreuung herangezogen und somit werden die Grenzen bei guten Prozessen enger als bei der Annahmeregelkarte.
Diese häufigen Prozessunterbrechungen widersprechen allen Vorgaben einer qualitativ hochwertigen Fertigung, sind unwirtschaftlich und vor allem unnötig. In den meisten derartigen Fällen wäre bei der Verwendung der Annahmeregelkarte kein Eingriff erforderlich.
Man sieht also, dass die Auswahl der richtigen Qualitätsregelkarte mitentscheidend für die korrekte Bewertung eines Fertigungsprozesses ist.

Im Folgenden wird die Ermittlung der Grenzen anhand einer konkret erstellten Prozessregelkarte (Shewhart-Karte) erläutert.

Die Eintragung der Stichprobenergebnisse kann für jeden Messwert erfolgen (Urwertkarte), wobei mehrfach vorkommende Werte mit Index (z.B. x_2) vermerkt werden. Es können aber auch statistische Kennwerte, wie der arithmetische Mittelwert bzw. die Standardabweichung in die Karte eingetragen werden.

2.10.2 | Die Mittelwertkarte

Die $\bar{x}$-Werte bilden eine Häufigkeitsverteilung mit deutlich geringerer Streubreite als die Urwerte. Diese geringe Schwankung führt dazu, dass eine Veränderung des Fertigungsprozesses empfindlicher angezeigt wird als bei der Urwertkarte.

Darüber hinaus nähern sich die Mittelwerte auch nicht normalverteilter Grundgesamtheiten mit wachsender Stichprobenzahl der Normalverteilung an.

Vor dem Anlegen einer Qualitätsregelkarte wird z.B. in einem Vorlauf von mindestens 20-25 Stichproben à 5 Teile, der auch zur Ermittlung der Eingriffsgrenzen herangezogen werden kann, ermittelt, ob die Streuung mit den gegebenen Toleranzgrenzen vereinbar ist.

Es muss dabei sichergestellt sein, dass alle Stichproben aus derselben Grundgesamtheit stammen, sodass zwar alle zufälligen Streuungsursachen (Maschinenungenauigkeit, Werkzeugverschleiß) auftreten konnten, aber systematische (Chargen- oder Werkzeugwechsel) ausgeschlossen blieben.

Der Prozess gilt als beherrschbar, wenn die Toleranz mindestens $6\bar{s}$, besser $8\bar{s}$ umfasst (vgl. 2.9).

Können diese Vorgaben nicht erfüllt werden, muss versucht werden, durch schrittweise Prozessverbesserung (Ursachen ermitteln → Maßnahmen durchführen → Wirksamkeit überprüfen) die Voraussetzungen für einen beherrschten Serienprozess zu schaffen. Oft ist auch ein Gespräch mit der Konstruktion sinnvoll, wenn durch funktionell unnötig enge Toleranzen (Angsttoleranzen) der Prozess erschwert wird.
Die Prozessregelkarten enthalten normalerweise keine vorgegebenen Toleranzgrenzen. Die Grenzen werden vielmehr aus den Messwerten des eingerichteten Prozesses selbst ermittelt.
Es gibt verschiedene Möglichkeiten daraus die Eingriffsgrenzen zu bestimmen. Im Folgenden sollen für die $\bar{x}$-Karte zwei verschiedene Methoden erläutert werden.

1. Über den Vorlauf oder wie hier den noch nicht mit Karten überwachten Prozessbeginn werden Prozesskennwerte z. B. $\bar{\bar{x}}$ bestimmt. Diese Werte dienen zur Bestimmung der Schätzwerte für die Grundgesamtheit. Dabei bedeuten die griechischen Buchstaben, dass es sich um die Grundgesamtheit handelt und das Dach darüber, dass es ein Schätzwert ist.

$$\bar{\bar{x}} = \hat{\mu} = 5{,}961 \text{ mm}$$

$$\hat{\sigma} = \frac{\bar{s}}{a_n} = 0{,}0085 \text{ mm}$$

Nach der Deutschen Gesellschaft für Qualität (**DGQ**) gelten nachstehende Formeln. Zunächst die Eingriffsgrenzen:

$$\text{OEG} = \hat{\mu} + A_E \cdot \hat{\sigma}$$

$$\text{UEG} = \hat{\mu} - A_E \cdot \hat{\sigma}$$

Die notwendigen Faktoren A_E sind abhängig von der jeweiligen Stichprobengröße und können dem nachstehenden Tabellenausschnitt (vollständige Tabelle im Anhang) entnommen werden.

n	A_E	A_W
4	1,228	0,980
5	1,152	0,877
6	1,052	0,800

Für das Leitbeispiel Bolzen Ø 6h11 ergeben sich die folgenden Eingriffsgrenzen:

$$\text{OEG} = 5{,}961 \text{ mm} + 1{,}152 \cdot 0{,}0085 \text{ mm} = 5{,}971 \text{ mm}$$

$$\text{UEG} = 5{,}961 \text{ mm} - 1{,}152 \cdot 0{,}0085 \text{ mm} = 5{,}951 \text{ mm}$$

Es fehlen noch die Warngrenzen, die nach Vorgabe der DGQ mit folgenden Formeln berechnet werden, wobei die Faktoren A_W ebenfalls obiger Tabelle entnommen werden:

$$\text{OWG} = \hat{\mu} + A_W \cdot \hat{\sigma} \qquad \text{UWG} = \hat{\mu} - A_W \cdot \hat{\sigma}$$

Daraus ergeben sich die folgenden konkreten Warngrenzen:

$$OWG = 5{,}961 \text{ mm} + 0{,}877 \,.\, 0{,}0085 \text{ mm} = 5{,}9685 \text{ mm}$$

$$UWG = 5{,}961 \text{ mm} - 0{,}877 \,.\, 0{,}0085 \text{ mm} = 5{,}9535 \text{ mm}$$

Die Mittellinie *M* der Qualitätsregelkarte wird gleichgesetzt mit dem ermittelten $\overline{\overline{x}}$-Wert.

2. Die zweite Variante zur Ermittlung der Eingriffsgrenzen ist eine rechnerische Methode. Sie benutzt die Formeln:

$$OEG = \hat{\mu} + u\frac{\hat{\sigma}}{\sqrt{n}}$$

$$UEG = \hat{\mu} - u\frac{\hat{\sigma}}{\sqrt{n}}$$

Anhand der Formeln erkennt man, dass es sich bei den Eingriffsgrenzen um den bereits behandelten Zufallsstreubereich des Mittelwertes handelt. Die Aussagewahrscheinlichkeit liegt bei 99 %.

Der Mittelwert zukünftiger Stichproben liegt also mit 99 % Wahrscheinlichkeit innerhalb der ermittelten Eingriffsgrenzen oder umgekehrt gilt, dass ein Mittelwert außerhalb dieses Bereiches nur mit 1 % Wahrscheinlichkeit zur unveränderten Grundgesamtheit gehört bzw. dass sich die Grundgesamtheit zu 99 % Wahrscheinlichkeit geändert hat.

Die Formeln für die Warngrenzen sind entsprechend, nur dass für *u* eine 95 %-Wahrscheinlichkeit aus der Tabelle abgelesen werden muss.

Da die zwei Methoden zu identischen bzw. nur geringfügig abweichenden Ergebnissen führen, wird auf die konkrete rechnerische Lösung verzichtet und auch im Weiteren nur noch nach den Vorgaben der DGQ gearbeitet.

Sind nun die Grenzen in die Regelkarte eingetragen und es kommt zu einer Warngrenzenüberschreitung, wird noch nicht eingegriffen. Es werden zunächst nur die Prüfabstände verkürzt. Bei wiederholtem Überschreiten muss der Prozess jedoch neu eingerichtet werden.

Diese Maßnahme oder andere Besonderheiten, wie Werkzeug- oder Schichtwechsel, werden bei der ersten folgenden Stichprobe vermerkt, damit auch bei einer späteren Auswertung der Qualitätsregelkarte eine mögliche Verschiebung der Werte nachvollziehbar bleibt.

Wie behandelt, wird die Normalverteilung durch zwei Kenngrößen bestimmt: die Lage und die Streuung. Da die Mittelwertkarte nur Aussagen über die Lage der Normalverteilung macht, kann der Fertigungsprozess nicht ausreichend beurteilt werden.

Deswegen werden die Qualitätsregelkarten meist zweispurig geführt. Neben der Lagespur mit Beobachtung des arithmetischen Mittelwertes wird meist eine parallele Streuspur geführt, auf der ein Streuungsmaß, also entweder die Standardabweichung oder die Spannweite überprüft und dokumentiert wird (s. Bild 74).

2.10.3 | Die Spannweitenkarte

Da die Stichproben früher häufiger von Hand ausgewertet wurden, war die Handhabung der Spannweite natürlich wesentlich einfacher als die Standardabweichung. Folglich wurde die Spannweitenkarte entsprechend häufig eingesetzt.

Auch bei dieser Karte müssen zunächst die Eingriffs- und Warngrenzen sowie die Mittellinie bestimmt werden.

Die zugehörigen Formeln lauten für die Eingriffsgrenzen:

$$\mathrm{OEG} = D_{\mathrm{OEG}} \cdot \hat{\sigma}$$

$$\mathrm{UEG} = D_{\mathrm{UEG}} \cdot \hat{\sigma}$$

Die Warngrenzen werden bestimmt nach:

$$\mathrm{OWG} = D_{\mathrm{OWG}} \cdot \hat{\sigma}$$

$$\mathrm{UWG} = D_{\mathrm{UWG}} \cdot \hat{\sigma}$$

Da die Streuungswerte nicht normalverteilt, sondern schiefverteilt auftreten, liegen die Grenzen nicht symmetrisch zur Mittellinie. Die Begründung hierfür liegt in der Tatsache, dass die Streuung zum einen nullbegrenzt ist und zum anderen eine größere Streuung wahrscheinlicher ist als eine kleine.

So ergibt sich die Mittellinie zu:

$$M = d_n \cdot \hat{\sigma}$$

Die notwendigen Faktoren sind in Abhängigkeit der Stichprobengröße der im Anhang aufgeführten Tabelle 6 nach DGQ zu entnehmen.

Auf eine konkrete Berechnung wird hier verzichtet, da im Zeitalter der computerunterstützten SPC nur noch mit der Standardabweichung gearbeitet wird. Sie ermöglicht wesentlich exaktere Prozessaussagen.

2.10.4 | Die Standardabweichungskarte

Die Formeln zur Berechnung der Grenzen lauten:

Eingriffsgrenzen:

$$\mathrm{OEG} = B_{\mathrm{OEG}} \cdot \hat{\sigma}$$

$$\mathrm{UEG} = B_{\mathrm{UEG}} \cdot \hat{\sigma}$$

Warngrenzen:

$$\mathrm{OWG} = B_{\mathrm{OWG}} \cdot \hat{\sigma}$$

$$\mathrm{UWG} = B_{\mathrm{UWG}} \cdot \hat{\sigma}$$

Die Mittellinie ergibt sich zu:

$$M = a_n \cdot \hat{\sigma}$$

Zur konkreten Bestimmung der Grenzen hilft auch hier wieder ein Tabellenauszug nach DGQ. (Gesamttabelle im Anhang)

n	B_{OEG}	B_{OWG}	B_{UWG}	B_{UEG}
4	2,069	1,765	0,268	0,155
5	1,927	1,669	0,348	0,227
6	1,830	1,602	0,408	0,287

Die Eingriffsgrenzen lauten:

$$\text{OEG} = 1{,}927 \cdot 0{,}0085 \text{ mm} = 0{,}0164 \text{ mm}$$

$$\text{UEG} = 0{,}227 \cdot 0{,}0085 \text{ mm} = 0{,}0019 \text{ mm}$$

Die Warngrenzen ergeben:

$$\text{OWG} = 1{,}669 \cdot 0{,}0085 \text{ mm} = 0{,}0142 \text{ mm}$$

$$\text{UWG} = 0{,}348 \cdot 0{,}0085 \text{ mm} = 0{,}003 \text{ mm}$$

Die Mittellinie liegt bei:

$$\text{M} = 0{,}940 \cdot 0{,}0085 \text{ mm} = 0{,}008 \text{ mm}$$

2.10.5 | Beispiel einer Qualitätsregelkarte

Die hier vorliegenden ersten 20 Stichproben der Bolzenfertigung dienten zur Ermittlung der Prozessfähigkeit und führten zu der Entscheidung, den Prozess künftig nur noch mittels SPC zu überwachen.
Die notwendigen Grenzen der $\bar{x}$; s-Karte wurden ebenfalls mit diesen 20 Stichproben ermittelt und in die Karte eingetragen. Um den Prozess im Gesamten zu dokumentieren, werden die Kennwerte der Stichproben nachträglich in der Karte notiert. Entsprechende Reaktionen auf Grenzüberschreitungen können erst ab diesem Zeitpunkt erfolgen, wobei die Güte des bisherigen Prozesses die Richtschnur für die künftige Fertigung darstellt. Man erkennt, dass die Grenzen der Mittelwertkarte so eng sind, dass bei Stichprobe 13,16 und 19 bereits Handlungsbedarf gegeben wäre, obwohl der Prozess sehr sicher und stabil erscheint. Möglicherweise könnten durch erweiterte Grenzen übereilte Eingriffe vermieden werden.

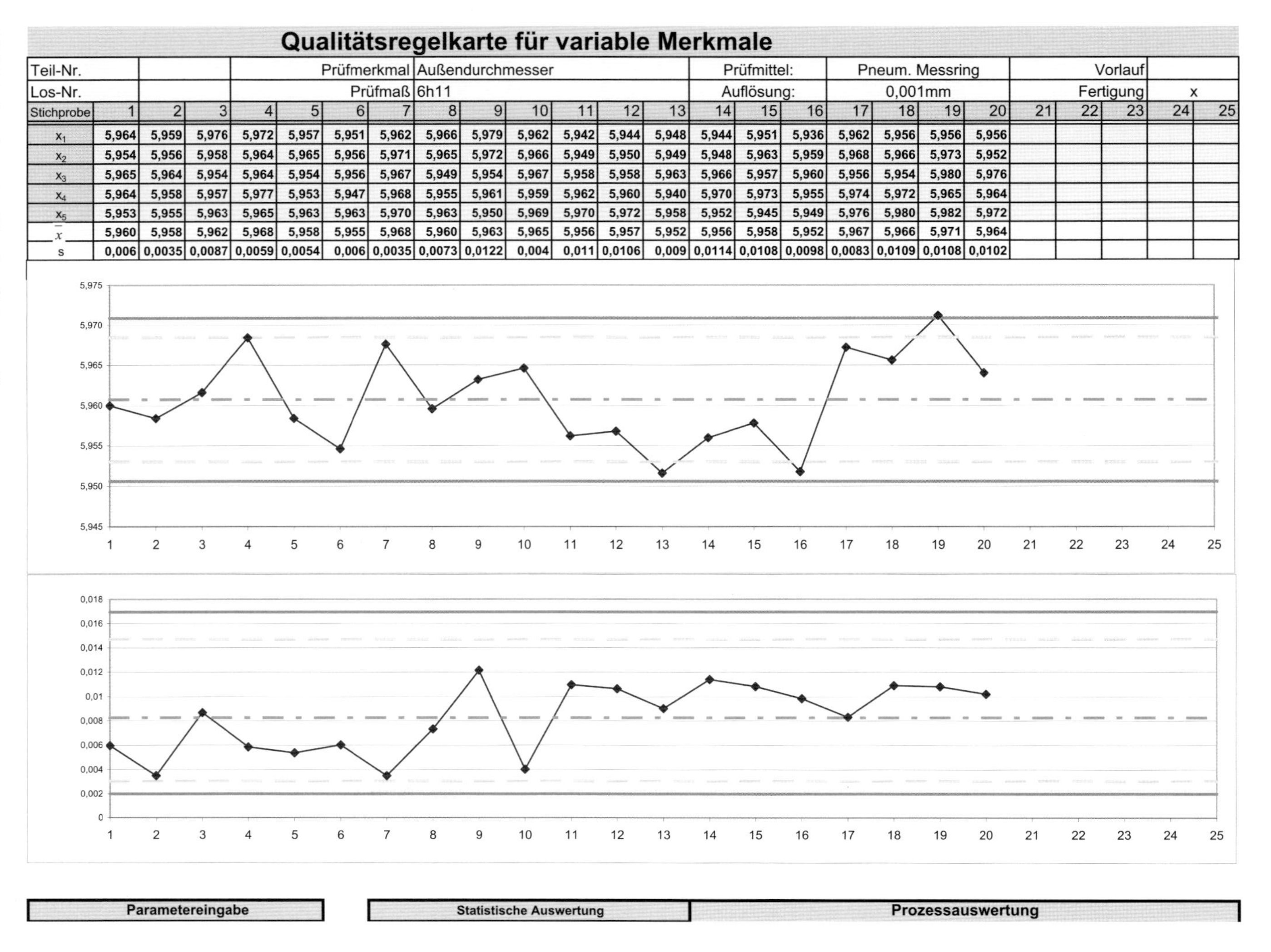

Qualitätsregelkarte für variable Merkmale

Teil-Nr.		Prüfmerkmal	Außendurchmesser	Prüfmittel:	Pneum. Messring	Vorlauf	
Los-Nr.		Prüfmaß	6h11	Auflösung:	0,001mm	Fertigung	x

Stichprobe	1	2	3	4	5	6	7	8	9	10	11	12	13
x_1	5,964	5,959	5,976	5,972	5,957	5,951	5,962	5,966	5,979	5,962	5,942	5,944	5,948
x_2	5,954	5,956	5,958	5,964	5,965	5,956	5,971	5,965	5,972	5,966	5,949	5,950	5,949
x_3	5,965	5,964	5,954	5,964	5,954	5,956	5,967	5,949	5,954	5,967	5,958	5,958	5,963
x_4	5,964	5,958	5,957	5,977	5,953	5,947	5,968	5,955	5,961	5,959	5,962	5,960	5,940
x_5	5,953	5,955	5,963	5,965	5,963	5,963	5,970	5,963	5,950	5,969	5,970	5,972	5,958
$\bar{x}$	5,960	5,958	5,962	5,968	5,958	5,955	5,968	5,960	5,963	5,965	5,956	5,957	5,952
s	0,006	0,0035	0,0087	0,0059	0,0054	0,006	0,0035	0,0073	0,0122	0,004	0,011	0,0106	0,009

Stichprobe	14	15	16	17	18	19	20	21	22	23	24	25
x_1	5,944	5,951	5,936	5,962	5,956	5,956	5,956					
x_2	5,948	5,963	5,959	5,968	5,966	5,973	5,952					
x_3	5,966	5,957	5,960	5,956	5,954	5,980	5,976					
x_4	5,970	5,973	5,955	5,974	5,972	5,965	5,964					
x_5	5,952	5,945	5,949	5,976	5,980	5,982	5,972					
$\bar{x}$	5,956	5,958	5,952	5,967	5,966	5,971	5,964					
s	0,0114	0,0108	0,0098	0,0083	0,0109	0,0108	0,0102					

Bild 74: Zweispurige $\bar{x}$; s-Qualitätsregelkarte

Die nachfolgende Übersicht zeigt und erläutert einige charakteristische Kurvenverläufe auf Qualitätsregelkarten, die in der Praxis häufiger vorkommen.

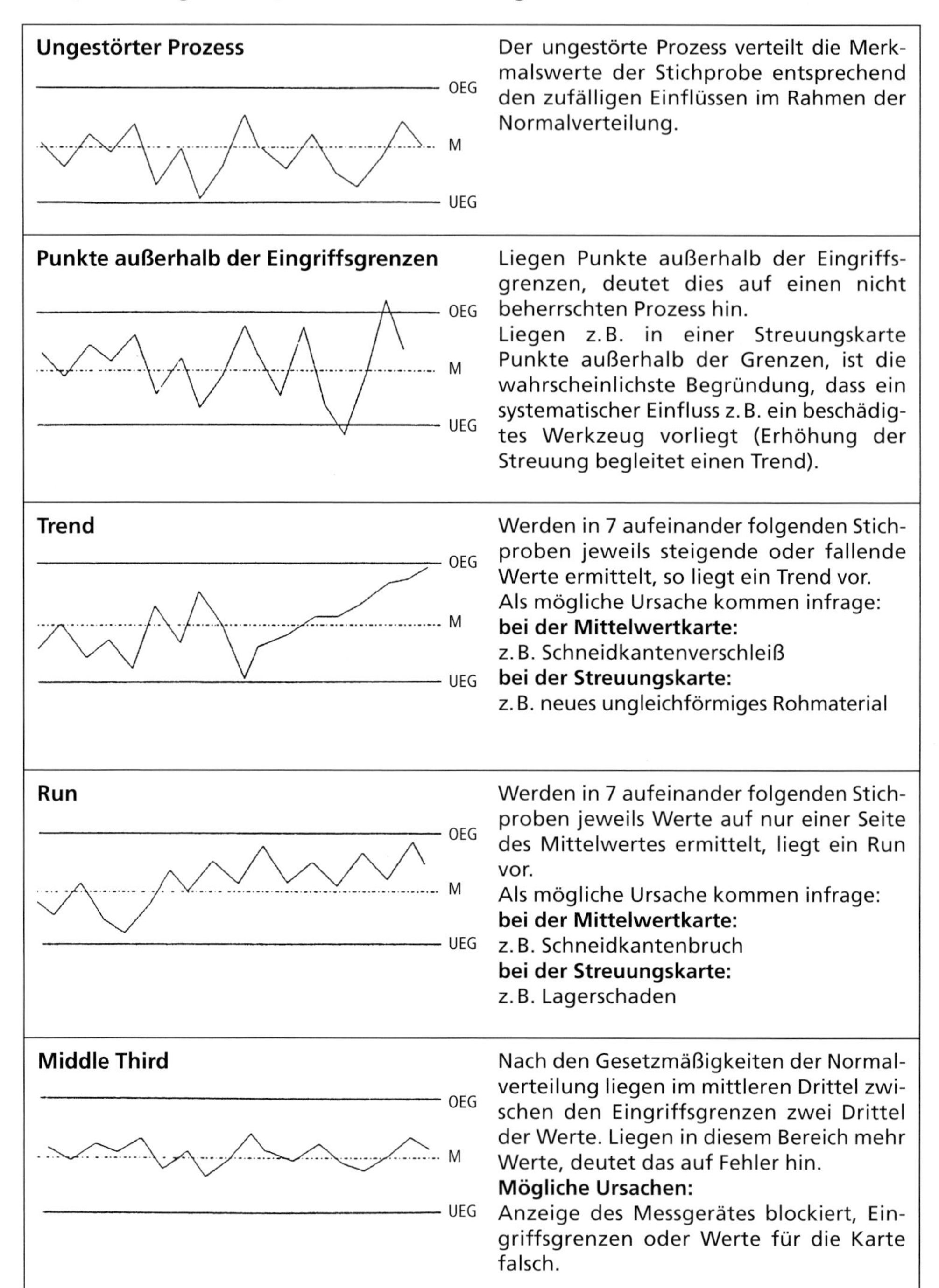

Kurvenverlauf	Erläuterung
Ungestörter Prozess OEG M UEG	Der ungestörte Prozess verteilt die Merkmalswerte der Stichprobe entsprechend den zufälligen Einflüssen im Rahmen der Normalverteilung.
Punkte außerhalb der Eingriffsgrenzen OEG M UEG	Liegen Punkte außerhalb der Eingriffsgrenzen, deutet dies auf einen nicht beherrschten Prozess hin. Liegen z. B. in einer Streuungskarte Punkte außerhalb der Grenzen, ist die wahrscheinlichste Begründung, dass ein systematischer Einfluss z. B. ein beschädigtes Werkzeug vorliegt (Erhöhung der Streuung begleitet einen Trend).
Trend OEG M UEG	Werden in 7 aufeinander folgenden Stichproben jeweils steigende oder fallende Werte ermittelt, so liegt ein Trend vor. Als mögliche Ursache kommen infrage: **bei der Mittelwertkarte:** z. B. Schneidkantenverschleiß **bei der Streuungskarte:** z. B. neues ungleichförmiges Rohmaterial
Run OEG M UEG	Werden in 7 aufeinander folgenden Stichproben jeweils Werte auf nur einer Seite des Mittelwertes ermittelt, liegt ein Run vor. Als mögliche Ursache kommen infrage: **bei der Mittelwertkarte:** z. B. Schneidkantenbruch **bei der Streuungskarte:** z. B. Lagerschaden
Middle Third OEG M UEG	Nach den Gesetzmäßigkeiten der Normalverteilung liegen im mittleren Drittel zwischen den Eingriffsgrenzen zwei Drittel der Werte. Liegen in diesem Bereich mehr Werte, deutet das auf Fehler hin. **Mögliche Ursachen:** Anzeige des Messgerätes blockiert, Eingriffsgrenzen oder Werte für die Karte falsch.

Bild 75: Charakteristische Kurvenverläufe auf der Qualitätsregelkarte

Den Nutzen der Qualitätsregelkarte kann man wie folgt zusammenfassen:

- Da Fehlerentwicklungen meist erkannt werden, bevor die Fehler auftreten, kann die Fertigung von der annehmbaren Qualitätslage (AQL) zur „Null-Fehler-Philosophie" weiterentwickelt werden.
- Ausschuss und Nacharbeit zusammen mit den damit verbundenen Kosten werden minimiert.
- Die Fertigungsanlage wird über die gesamte Fertigungsdauer beobachtet und damit Veränderungen erkannt.
- Es ist eine umfassende Dokumentation vorhanden, anhand derer man mit Kollegen und Vorgesetzten fachlich diskutieren kann.
- Es liegt ein Nachweis über die eigene Fertigungsgüte z. B. gegenüber Kunden vor.

Diese Gesichtspunkte erheben keinerlei Anspruch auf Vollständigkeit.
Es sollte nur versucht werden zu erläutern, dass die Qualitätsregelkarten, die in der heutigen Produktion meist computergeführt und fertigungsbegleitend erstellt werden, nicht Selbstzweck sind, sondern ein wesentlicher Schritt auf dem Weg zum Ziel: **„Null-Fehler"**.

Kontrollfragen:

1 | Welche Aufgaben soll die Qualitätsregelkarte erfüllen?

2 | Qualitätsregelkarten werden meist zweispurig geführt. – Warum liefert eine einzelne Mittelwertkarte zu wenig Informationen?

3 | Warum sollten in eine Mittelwertkarte keine Toleranzgrenzen eingetragen werden?

4 | Wie reagieren Sie, wenn die Kennwerte die Warngrenzen einer Prozessregelkarte überschreiten?

5 | Erläutern Sie mithilfe einer Skizze die Begriffe „Run", „Trend" und „Middle Third" und geben Sie mögliche Ursachen für diesen Verlauf an.

2.11 | Maschinenfähigkeit

Der beste Prozess kann jedoch nur korrekt ablaufen, wenn die Maschine in der Lage ist, eine entsprechende Fertigungsaufgabe zu erfüllen, d. h. die in der Zeichnung vorgegebenen Toleranzen herstellen zu können.
Aus diesem Grunde muss vor Beginn einer Produktion die ausgewählte Maschine in einer Musterserie ihre „Fähigkeit" nachweisen.

Eine Maschinenfähigkeitsuntersuchung wird zu verschiedenen Anlässen vorgenommen. Beispielsweise wird nach der Lieferung einer neuen Maschine oder nach einer größeren Revision die Maschinenfähigkeit untersucht, um festzustellen, ob die Anforderungen an die Genauigkeit von der Maschine erreicht werden können. Auch bei der Neukonzeption von Fertigungsprozessen dienen Maschinenfähigkeitsuntersuchungen zur richtigen Auswahl und Einsatz von Maschinen im Prozessablauf.

Die Maschinenfähigkeitsuntersuchung liegt also zeitlich gesehen vor der Prozessfähigkeitsuntersuchung und erfolgt nur über einen kurzen Zeitraum. Es werden selten mehr als 50 Teile untersucht. Es sollen – wie der Name schon sagt – nur die Einflüsse der Maschine überprüft werden, während die übrigen „6M" neutralisiert werden sollten. Das führt zu folgenden Vorgaben:

- Warmlaufen der Maschine,
- kein Nachstellen oder Werkzeugwechsel,
- nur ein erfahrener Bediener,
- identische Materialcharge,
- möglichst konstante Umweltbedingungen,
- nur ein möglichst geprüftes Messmittel, dass durch einen erfahrenen Mitarbeiter eingesetzt wird,
- Nummerierung der geprüften Teile, um den Fertigungsverlauf nachvollziehen zu können.

Die Basis der Untersuchung bildet eine Stichprobe von $n \geq 50$ Teile.
Aus ihr werden die Parameter $\bar{x}$ und s bestimmt und als Schätzwerte für die Grundgesamtheit benutzt.

$$\bar{x} = \hat{\mu}$$

$$s = \hat{\sigma}$$

Wie bei der Prozessfähigkeit gibt es zwei Maschinenfähigkeitskennwerte, einen (c_m) für den Fall, dass die Mittellage $\hat{\mu}$ mit der Toleranzmitte übereinstimmt und einen (c_{mk}) für alle übrigen Konstellationen. Die Berechnung erfolgt ebenfalls wie bei der Ermittlung der Prozessfähigkeit:

$$c_m = \frac{T}{6 \cdot \hat{\sigma}}$$

Da als Grundlage für die Berechnung der Kennwerte Schätzwerte herangezogen werden, müssten hier wie bei der Prozessfähigkeit die Kennwerte mit einem Dach (für Schätzwert) versehen werden. Da diese Bezeichnungsweise jedoch unüblich ist, soll auch an dieser Stelle darauf verzichtet werden.

Liegt der gefundene Mittelwert nicht in der Toleranzmitte, wird als Z_{krit} der jeweils geringere Abstand zu einem der beiden Grenzwerte bestimmt.

$$Z_{ob} = OGW - \hat{\mu}$$

$$Z_{un} = \hat{\mu} - UGW$$

Der kleinere Wert wird als Z_{krit} in folgende Formel eingesetzt:

$$c_{mk} = \frac{Z_{krit}}{3 \cdot \hat{\sigma}}$$

Zur Beurteilung der Kennwerte gilt die Grundaussage: „Je höher die Werte, desto leistungsfähiger die Maschine". Bei den folgenden Standardrichtwerten, die darauf beruhen, dass nur eine Einflussgröße untersucht wird, gilt die Maschinenfähigkeit als erreicht:

$$\mathbf{c_m \geq 1{,}67}$$

$$\mathbf{c_{mk} \geq 1{,}33}$$

Betriebsintern kann durchaus von diesen Vorgaben abgewichen werden, sodass teilweise auch höhere Werte gefordert werden.

Kontrollfragen:

1 | Welchen Zweck hat eine Maschinenfähigkeitsuntersuchung?

2 | Erläutern Sie den Unterschied zwischen Maschinenfähigkeit und Prozessfähigkeit.

3 | Zum Korrosionsschutz werden Bleche beschichtet. Um eine gleichbleibende Qualität zu gewährleisten, wird die Schichtdicke gemessen. Zunächst wird überprüft, ob die Anlage geeignet ist, die geforderte Toleranz von 20 ± 5 μm zu erzielen. Dazu werden in einem Vorlauf 50 Bleche beschichtet.

Die nachfolgende Tabelle zeigt die Ergebnisse dieser 50 Bleche (Angaben in μm):

16	18	17	19	20	19	21	20	22	25
15	17	18	19	20	20	21	21	22	26
15	17	18	20	19	20	19	22	21	23
16	17	19	18	19	20	20	22	22	25
16	16	18	19	21	21	20	21	23	23

Berechnen Sie die Maschinenfähigkeit und interpretieren Sie das Ergebnis.

2.12 | Messmittelfähigkeit

Lange Zeit nicht oder nur wenig beachtet blieb die Tatsache, dass nicht nur die Maschine das Arbeitsergebnis wesentlich beeinflusst, sondern auch ein fehlerhaftes Messergebnis zu Fehlinterpretationen führen kann.
So könnte ein Prozessergebnis aufgrund der Messwerte als gut (oder schlecht) eingeschätzt werden, obwohl es fehlerhaft ist.
Ursache dafür kann sein, dass die Messung fehlerbehaftet ist. Jeder, der ein Teil mehrfach gemessen hat, weiß, dass nicht jedes Mal das gleiche Ergebnis ermittelt wird. Die Streuung in der Fertigung wird also überlagert von einer Streuung des Messmittels.

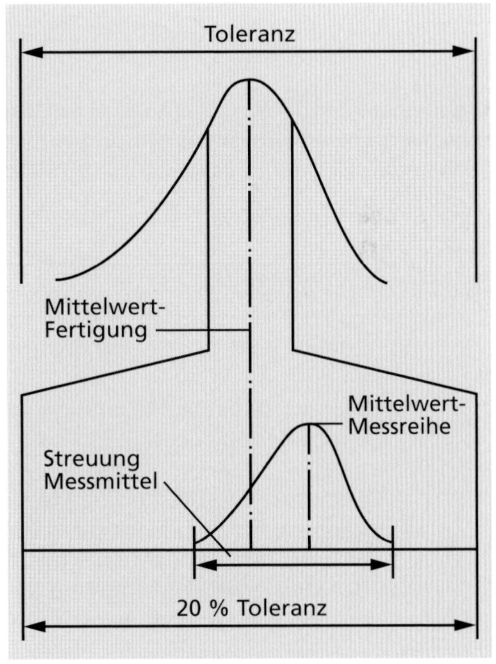

Bild 76: Messmittelstreuung im Rahmen der Fertigungsstreuung

Ist die Messmittelstreuung klein im Verhältnis zur Fertigungsstreuung, kann das Messmittel eingesetzt werden.

Es genügt also nicht nur, ein regelmäßig kalibriertes Messmittel zu benutzen, sondern dieses sollte bezüglich des konkreten Messauftrages überprüft werden. Zunächst sollte die Auflösung ≤ 5 % der Toleranz betragen und die Streuung der Messergebnisse auf 20 % der Toleranz eingeschränkt werden.

Es wird ein Normal ausgewählt, das mit dem zu untersuchenden Messmittel mindestens 25-mal – besser 50-mal – gemessen wird. Dabei bedeuten: x_{Normal} das bekannte Maß des Normals und $\bar{x}_{Mess}$ bzw. s_{Mess} den Mittelwert bzw. die Standardabweichung der Messreihe.

Wie bei der Maschinen- und Prozessfähigkeit werden wieder zwei Kennwerte c_g und c_{gk} ermittelt, die ≥ 1,33 betragen sollten.

Die zur Berechnung der Kennwerte herangezogenen Formeln entsprechen den bisher behandelten bis auf den Unterschied, dass eben nur 20% der Toleranz zugrunde gelegt werden.

$$c_g = \frac{0{,}2 \cdot T}{6 \cdot s_{Mess}}$$

$$c_{gk} = \frac{(x_{Normal} + 0{,}1 \cdot T) - \bar{x}_{Mess}}{3 \cdot s_{Mess}}$$

$$c_{gk} = \frac{\bar{x}_{Mess} - (x_{Normal} - 0{,}1 \cdot T)}{3 \cdot s_{Mess}}$$

Der kleinere der beiden c_{gk}-Werte ist entscheidend und muss immer noch ≥ 1,33 sein. Ist diese Vorgabe erfüllt, ist das Messgerät für die vorliegende Messaufgabe geeignet.

Kontrollfragen:

1 | Erläutern Sie den Begriff der „Messmittelfähigkeit".

2 | Warum ist die Beurteilung der Messmittelfähigkeit für die korrekte Prozesseinschätzung wichtig?

3 | Erläutern Sie, ob Sie ein Messmittel einsetzen würden, das folgende Ergebnisse erzielt: Ein Musterteil mit 37,9 mm und einer Toleranzvorgabe von 38 ± 0,3 mm wurde in 30 Versuchen gemessen. Dabei ergab der Mittelwert der Messreihe 37,88 mm und die Standardabweichung 0,01 mm.

2.13 | Zusammenwirken der Statistik-Bausteine

Aus didaktischen Gründen entsprach die in diesem Buch gewählte Reihenfolge in der Betrachtung der Fähigkeitsuntersuchungen nicht dem Einsatz in der Praxis.
Den im Zusammenhang mit der Einführung einer neuen Produktlinie chronologisch korrekten, aber vereinfachten Ablauf zeigt Bild 77.

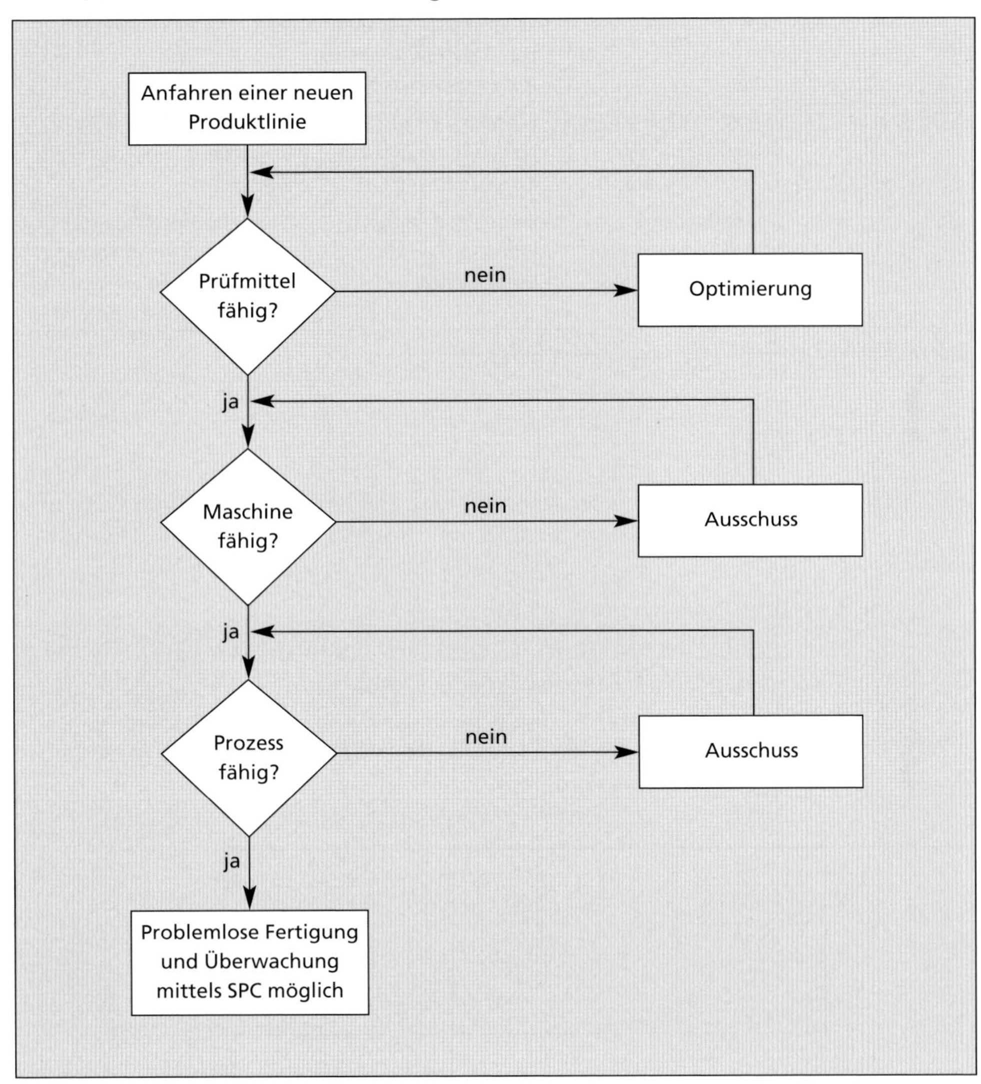

Bild 77: Ablauf zu einem neuen Serienprodukt

In der folgenden Übersicht (s. Bild 78) werden die eingesetzten statistischen Werkzeuge nochmals anhand entscheidender Kriterien einander gegenüber gestellt. Die Messmittelfähigkeit wird hierbei nicht berücksichtigt, da sie analog zur Maschinenfähigkeit zu werten ist.

Kennzeichen	Maschinenfähigkeit	Prozessfähigkeit	Qualitätsregelkarte
Untersuchungs-zeitraum	Kurzzeituntersuchung, z. B. bei Installierung einer neuen Maschine	Langzeituntersuchung	Anwendung während der gesamten Prozesslaufzeit
Untersuchungs-gegenstand	Komponente innerhalb einer Produktionsanlage	Produktionsprozess, d. h. das Zusammenwirken von Menschen, Maschinen, Material, Methoden und Arbeitsumwelt	momentanes Prozessverhalten anhand von Werkstück- oder Prozesskennwerten
Stichprobe	Entnahme einer einzigen großen Stichprobe	Entnahme kleiner Stichproben über einen längeren Zeitraum	ständige Entnahme kleiner Stichproben in gleichen Zeitintervallen
Ziel	Beurteilung einer Maschine hinsichtlich Fähigkeit (Abnahme)	Beurteilung eines Prozesses hinsichtlich Fähigkeit	Überwachung eines Prozesses, um rechtzeitig Korrekturmaßnahmen einleiten zu können (Prozessdokumentation)

Bild 78: Zusammenwirken der statistischen Hilfsmittel

Kontrollfrage:

1 | Im Rahmen der Qualitätssicherung wird bei der Produktion von Lochscheiben ein Kontrollmaß von 5 ± 0,05 mm stichprobenartig (n = 5) überprüft.

Aus der bisherigen Fertigung sind der Prozess-Mittelwert $\bar{\bar{x}}$ = 5,02 mm und die Prozess-Spannweite $\bar{R}$ = 0,015 mm bekannt.

a) Überprüfen Sie die Prozessfähigkeit und diskutieren Sie die Ergebnisse.

b) Berechnen Sie die Grenzen für eine $\bar{x}/R$-Karte.

c) Tragen Sie die unter b) gefundenen Grenzen in die nachfolgende Karte ein und bewerten Sie die nachfolgenden drei Einzelstichproben (Angaben in mm) anhand der Vorgaben.

1	2	3
5,01	5,04	4,97
5,00	5,04	5,02
4,98	5,03	5,03
5,01	5,02	5,03
4,99	5,03	5,03

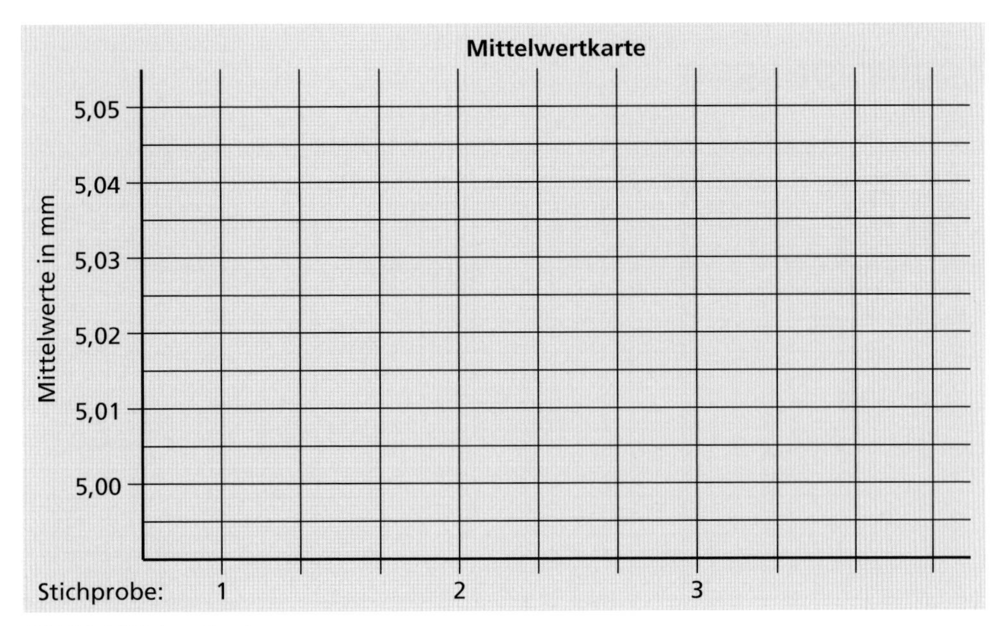

Bild 79: Mittelwertkarte

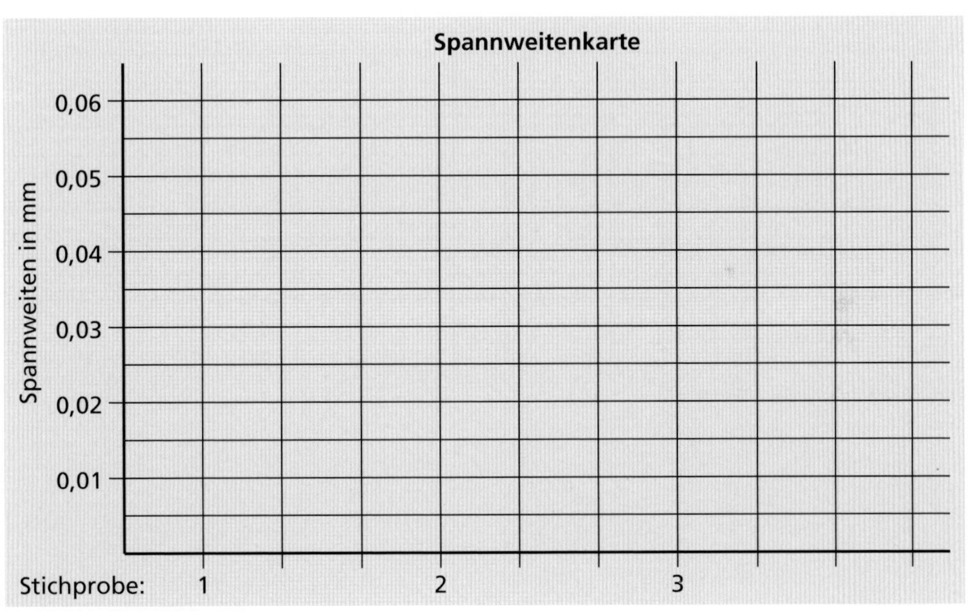

Bild 80: Spannweitenkarte

Kopiervorlagen

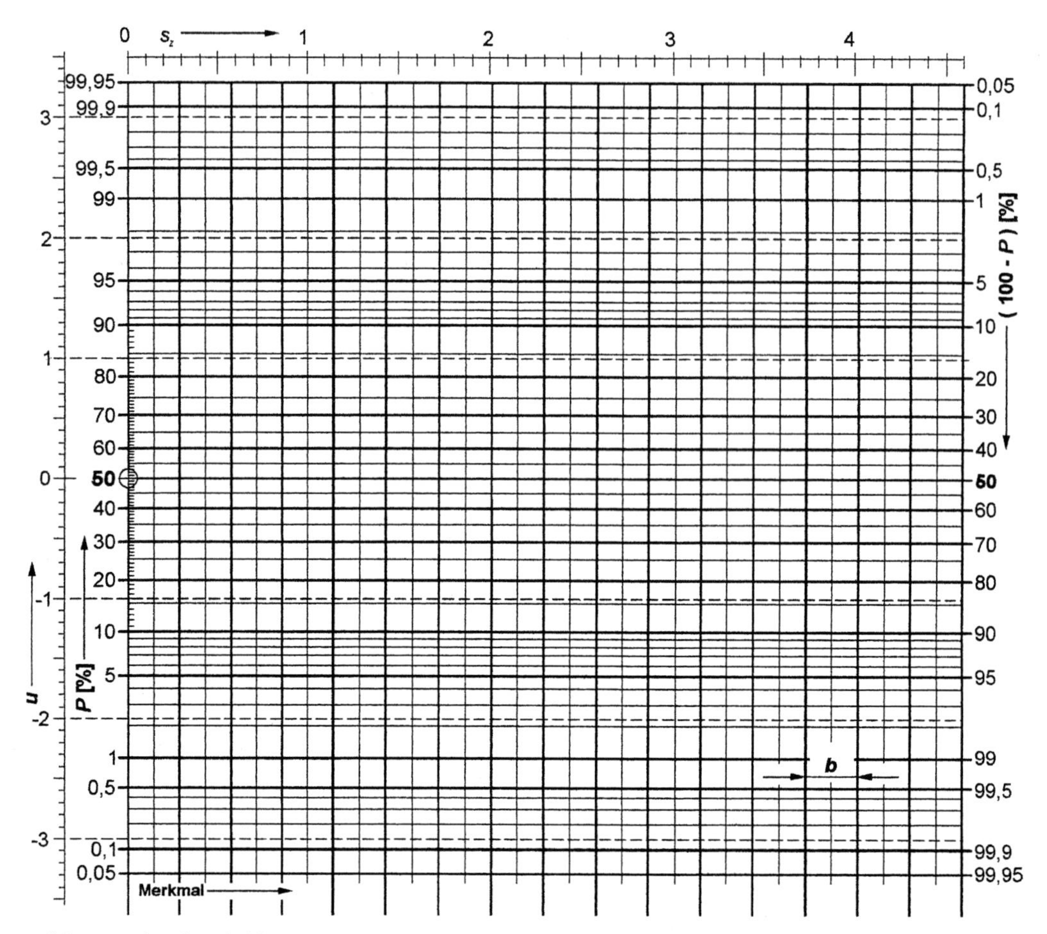

Bild 81: Wahrscheinlichkeitsnetz

Qualitätsregelkarte für variable Merkmale																				
Teil-Nr.:				n =			Prüfmerkmal:						Prüfmittel:						Vorlauf ☐	
Los-Nr.:				m = t =			Prüfmaß:						Auflösung:						Fertigung ☐	
Stichprobe:	1	2	3	4	5	6	7	8	9	10	11	12	13	14	15	16	17	18	19	20
Entnahme-zeit																				
x_1																				
x_2																				
x_3																				
x_4																				
x_5																				
x_6																				
Summe x																				
x quer																				
s																				
Mittelwert																				
Standardabweichung																				

Bild 82: Qualitätsregelkarte

Formeln zur Berechnung der statistischen Kenngrößen

Aufbereitung von Messwerten

Zur Klasseneinteilung ab 50 Messwerten gilt die Faustformel:

$$k \approx \sqrt{n}$$

Die Klassenweite hängt wesentlich von der Klassenanzahl ab und berechnet sich nach der Formel:

$$w = \frac{X_{max} - X_{min}}{k}$$

Kennwerte der Normalverteilung

Der arithmetische Mittelwert $\bar{x}$

Der arithmetische Mittelwert $\bar{x}$ ist der Durchschnitt aller erfassten Einzelwerte.

$$\bar{x} = \frac{x_1 + x_2 + x_3 + \ldots + x_n}{n} = \frac{\Sigma x_i}{n} = \frac{\textbf{Summe aller erfassten Einzelwerte}}{\textbf{Anzahl der erfassten Einzelwerte}}$$

Die Spannweite *R* (Range)

Die Spannweite *R* ist der Unterschied zwischen dem festgestellten größten und kleinsten Messwert:

$$R = x_{max} - x_{min}$$

Die Standardabweichung *s*

Die Standardabweichung *s* ist ein Maß für die Breite einer Normalverteilungskurve und stellt den Abstand zwischen dem Mittelwert $\bar{x}$ und dem Wendepunkt der Normalverteilungskurve dar.

$$s = \sqrt{\frac{\Sigma (x_i - \bar{x})^2}{n-1}} = \sqrt{\frac{(\text{Messwert 1} - \text{Mittelwert})^2 + (\text{Messwert 2} - \text{Mittelwert})^2 + \ldots + (\text{Messwert } n - \text{Mittelwert})^2}{\text{Anzahl der Messwerte} - 1}}$$

Sollte kein Taschenrechner zur Hand sein, in dem diese Formel im Statistik-Modus als Programm hinterlegt ist, kann man für kleine Stichproben die Prozessstandardabweichung $\bar{s}$ zugrunde legen.

Die zugehörige Beziehung lautet:

$$\bar{s} = \frac{a_n}{d_n} \cdot \bar{R}$$

Dabei ist $\bar{R}$ der Mittelwert der Spannweiten aller Stichproben und die Faktoren a_n und d_n sind in Abhängigkeit von der Stichprobengröße der Tabelle 1 zu entnehmen.

Messmittelfähigkeit

Es wird eine Messreihe mit 25 bis 50 Messungen durchgeführt. Daraus werden der Mittelwert und die Standardabweichung ermittelt und damit gemäß nachfolgender Formeln die Messmittelfähigkeit bestimmt.

$$c_g = \frac{0{,}2 \cdot T}{6 \cdot s_{\text{Mess}}}$$

$$c_{gk} = \frac{(x_{\text{Normal}} + 0{,}1 \cdot T) - \bar{x}_{\text{Mess}}}{3 \cdot s_{\text{Mess}}}$$

$$c_{gk} = \frac{\bar{x}_{\text{Mess}} - (x_{\text{Normal}} - 0{,}1 \cdot T)}{3 \cdot s_{\text{Mess}}}$$

Maschinenfähigkeit

Die Untersuchung wird mit nur einer großen Stichprobe $n \geq 50$ durchgeführt.
Aus ihr werden die Parameter $\bar{x}$ und s bestimmt und als Schätzwerte für die Grundgesamtheit benutzt.

$$\bar{x} = \hat{\mu}$$

$$s = \hat{\sigma}$$

Wie bei der Prozessfähigkeit gibt es zwei Maschinenfähigkeitskennwerte, einen (c_m) für den Fall, dass die Mittellage $\hat{\mu}$ mit der Toleranzmitte übereinstimmt und einen (c_{mk}) für alle übrigen Konstellationen.
Die Berechnung erfolgt ebenfalls wie bei der Ermittlung der Prozessfähigkeit:

$$c_m = \frac{T}{6 \cdot \hat{\sigma}}$$

Liegt der gefundene Mittelwert nicht in der Toleranzmitte, wird als Z_{krit} der jeweils geringere Abstand zu einem der beiden Grenzwerte bestimmt.

$$Z_{\text{ob}} = \text{OGW} - \hat{\mu}$$

$$Z_{\text{un}} = \hat{\mu} - \text{UGW}$$

Der kleinere Wert wird als Z_{krit} in folgende Formel eingesetzt:

$$c_{mk} = \frac{Z_{\text{krit}}}{3 \cdot \hat{\sigma}}$$

Prozessfähigkeit

Dazu wird eine Langzeituntersuchung von mindestens 100 Messwerten aus einzelnen Stichproben $n \geq 3$ zugrunde gelegt. Die aus ihr ermittelten Prozess-Kennwerte werden in für die Grundgesamtheit geschätzte Werte für den arithmetischen Mittelwert $\hat{\mu}$ und die Standardabweichung $\hat{\sigma}$ (gesprochen: Sigma Dach) umgerechnet:

$$\hat{\mu} = \overline{\overline{x}}$$

$$\hat{\sigma} = \frac{\overline{R}}{d_n} \text{ oder } \hat{\sigma} = \frac{\overline{s}}{a_n}$$

Anschließend wird das Verhältnis der Toleranzvorgabe und der geschätzten Standardabweichung gemäß nachstehender Formel gebildet und als Prozessfähigkeitswert c_p bezeichnet:

$$c_p = \frac{T}{6 \cdot \hat{\sigma}}$$

T ≡ Vorgegebene **T**oleranz
c ≡ **c**apability ≡ Fähigkeit
p ≡ **p**rocess ≡ Prozess

Ist bekannt, dass die Lage des Mittelwertes schwankt und soll diese deshalb mitberücksichtigt werden, arbeitet man mit dem Prozessfähigkeitswert c_{pk}.

$$Z_{ob} = OGW - \overline{\overline{x}}$$

$$Z_{un} = \overline{\overline{x}} - UGW$$

Der kleinere Wert wird als **kritisch** Z_{krit} bezeichnet, weil dort der Mittelwert näher an der Toleranzgrenze liegt. Mit diesem Z_{krit} wird daraufhin der c_{pk}-Wert errechnet:

$$c_{pk} = \frac{Z_{krit}}{3\,\hat{\sigma}}$$

Qualitätsregelkarten

Stellvertretend für die Vielzahl der Qualitätsregelkarten werden im Folgenden die Formeln zur Berechnung der Eingriffsgrenzen (beidseitig 99 %-Zufallsstreubereich) und der Warngrenzen (beidseitig 95 %-Zufallsstreubereich) der Prozessregelkarte nach Shewart aufgezeigt. Die zugehörigen Kennwerte sind in den Tabellen 5 bis 7 im Anhang zusammengestellt.

Die Mittelwertkarte ($\overline{x}$-Karte)

Die Eingriffsgrenzen:

$$OEG = \hat{\mu} + A_E \cdot \hat{\sigma}$$

$$UEG = \hat{\mu} - A_E \cdot \hat{\sigma}$$

Die Warngrenzen:

$$OWG = \hat{\mu} + A_W \cdot \hat{\sigma}$$

$$UWG = \hat{\mu} - A_W \cdot \hat{\sigma}$$

Die Spannweitenkarte (R-Karte)

Die Eingriffsgrenzen:

$$OEG = D_{OEG} \cdot \hat{\sigma}$$

$$UEG = D_{UEG} \cdot \hat{\sigma}$$

Die Warngrenzen:

$$OWG = D_{OWG} \cdot \hat{\sigma}$$

$$UWG = D_{UWG} \cdot \hat{\sigma}$$

Die Mittellinie in der Spannweitenkarte ist unsymmetrisch und ergibt sich zu:

$$M = d_n \cdot \hat{\sigma}$$

Die Standardabweichungskarte (*s*-Karte)

Die Eingriffsgrenzen:

$$OEG = B_{OEG} \cdot \hat{\sigma}$$

$$UEG = B_{UEG} \cdot \hat{\sigma}$$

Die Warngrenzen:

$$OWG = B_{OWG} \cdot \hat{\sigma}$$

$$UWG = B_{UWG} \cdot \hat{\sigma}$$

Die Mittellinie in der Standardabweichungskarte ist ebenfalls unsymmetrisch und berechnet sich nach:

$$M = a_n \cdot \hat{\sigma}$$

Zufallsstreubereiche

Die Werte für u und χ^2 sind der Tabelle 3 und 4 des Anhangs zu entnehmen.

Zweiseitiger Zufallsstreubereich des Merkmalswertes:

$$\mu - |u_\alpha| \cdot \sigma \leq x \leq \mu + |u_\alpha| \cdot \sigma$$

Einseitiger Zufallsstreubereich des Merkmalswertes:

$$-\infty \leq x \leq \mu + |u_\alpha| \cdot \sigma$$

oder

$$\mu - |u_\alpha| \cdot \sigma \leq x \leq \infty$$

Zweiseitiger Zufallsstreubereich des Mittelwertes:

$$\mu - |u_\alpha| \cdot \frac{\sigma}{\sqrt{n}} \leq \bar{x} \leq \mu + |u_\alpha| \cdot \frac{\sigma}{\sqrt{n}}$$

Zweiseitiger Zufallsstreubereich der Standardabweichung:

$$\sqrt{\frac{\chi^2_{FG;\frac{\alpha}{2}}}{FG}} \cdot \sigma \leq s \leq \sqrt{\frac{\chi^2_{FG;1-\frac{\alpha}{2}}}{FG}} \cdot \sigma$$

Tabellen

n	a_n	d_n
2	0,789	1,128
3	0,886	1,693
4	0,921	2,059
5	0,940	2,326
6	0,952	2,534
7	0,959	2,704
8	0,965	2,847
9	0,969	2,970
10	0,973	3,078
11	0,975	3,173
12	0,978	3,258
13	0,979	3,336
14	0,981	3,407
15	0,982	3,472

Tabelle 1: Faktoren zur Abschätzung der Standardabweichung

Stichprobengröße															
i	**6**	**7**	**8**	**9**	**10**	**11**	**12**	**13**	**14**	**15**	**16**	**17**	**18**	**19**	**20**
1	10,2	8,9	7,8	6,8	6,2	5,6	5,2	4,8	4,5	4,1	3,9	3,7	3,4	3,3	3,1
2	26,1	22,4	19,8	17,6	15,9	14,5	13,1	12,3	11,3	10,6	10,0	9,3	8,9	8,4	7,9
3	42,1	36,3	31,9	28,4	25,5	23,3	21,5	19,8	18,4	17,1	16,1	15,2	14,2	13,6	12,9
4	57,9	50,0	44,0	39,4	35,2	32,3	29,5	27,4	25,5	23,9	22,4	20,9	19,8	18,7	17,9
5	73,9	63,7	56,0	50,0	45,2	41,3	37,8	34,8	32,3	30,2	28,4	26,8	25,1	23,9	22,7
6	89,8	77,6	68,1	60,6	54,8	50,0	46,0	42,5	39,4	36,7	34,8	32,6	30,9	29,1	27,8
7		91,2	80,2	71,6	64,8	58,7	54,0	50,0	46,4	43,3	40,9	38,2	36,3	34,5	32,6
8			92,2	82,4	74,5	67,7	62,2	57,5	53,6	50,0	46,8	44,0	41,7	39,7	37,8
9				93,2	84,1	76,7	70,5	65,2	60,6	56,7	53,2	50,0	47,2	44,8	42,5
10					93,8	85,5	78,5	72,6	67,7	63,3	59,1	56,0	52,8	50,0	47,6
11						94,4	86,9	80,2	74,5	69,8	65,2	61,8	58,3	55,2	52,4
12							94,9	87,7	81,6	76,1	71,6	67,4	63,7	60,3	57,5
13								95,3	88,7	82,9	77,6	73,2	69,1	65,5	62,2
14									95,5	89,4	83,9	79,1	74,9	70,9	67,4
15										95,9	90,0	84,8	80,2	76,1	72,2
16											96,1	90,7	85,8	81,3	77,3
17												96,3	91,2	86,4	82,1
18													96,6	91,6	87,1
19														96,7	92,1
20															96,9

Tabelle 2: Summenhäufigkeiten für Stichproben zwischen n = 6 und n = 20

u	P%	α%	u	P%	α%	u	P%	α%
0,00	0,00	50,00	1,50	86,64	6,68	3,00	99,73	0,13
0,05	3,98	48,01	1,55	87,89	6,06	3,05	99,78	0,11
0,10	7,97	46,02	1,60	89,04	5,48	3,10	99,81	0,10
0,15	11,92	44,04	1,65	90,11	4,95	3,15	99,84	0,08
0,20	15,85	42,07	1,70	91,09	4,46	3,20	99,86	0,07
0,25	19,74	40,13	1,75	91,99	4,01	3,25	99,88	0,06
0,30	23,58	38,21	1,80	92,81	3,59	3,30	99,90	0,05
0,35	27,37	36,32	1,85	93,57	3,22	3,35	99,92	0,04
0,40	31,08	34,46	1,90	94,26	2,88	3,40	99,93	0,03
0,45	34,73	32,64	1,95	94,88	2,56	3,45	99,94	0,03
0,50	38,29	30,85	2,00	95,45	2,28	3,50	99,95	0,02
0,55	41,77	29,12	2,05	95,96	2,02	3,60	99,97	0,02
0,60	45,15	27,43	2,10	96,43	1,79	3,70	99,98	0,01
0,65	48,43	25,78	2,15	96,84	1,58	3,80	99,99	0,01
0,70	51,61	24,20	2,20	97,22	1,39			
0,75	54,67	22,66	2,25	97,56	1,22	Für „runde" *P* % das dazugehörige *u*:		
0,80	57,63	21,19	2,30	97,86	1,07			
0,85	60,47	19,77	2,35	98,12	0,94			
0,90	63,19	18,41	2,40	98,36	0,82	0,675	50,00	25,00
0,95	65,77	17,11	2,45	98,57	0,71	1,282	80,00	10,00
1,00	68,27	15,87	2,50	98,76	0,62	1,645	90,00	5,00
1,05	70,63	14,69	2,55	98,92	0,54	1,960	95,00	2,50
1,10	72,87	13,57	2,60	99,07	0,47	2,241	97,50	1,25
1,15	74,99	12,51	2,65	99,20	0,40	2,326	98,00	1,00
1,20	76,99	11,51	2,70	99,31	0,35	2,576	99,00	0,50
1,25	78,87	10,56	2,75	99,40	0,30	2,878	99,60	0,20
1,30	80,64	9,68	2,80	99,49	0,26	3,090	99,80	0,10
1,35	82,30	8,85	2,85	99,56	0,22	3,291	99,90	0,05
1,40	83,85	8,08	2,90	99,63	0,19	3,719	99,98	0,01
1,45	85,29	7,35	2,95	99,68	0,16	3,891	99,99	0,005

Tabelle 3: Summenfunktion für u

FG	*P* in %												
	99,5	**99**	**97,5**	**95**	**90**	**75**	**50**	**25**	**10**	**5**	**2,5**	**1**	**0,5**
1	7,879	6,635	5,034	3,841	2,706	1,323	0,455	$0,102^{-2}$	$1,58^{-3}$	$3,93^{-4}$	$9,82^{-4}$	$1,57^{-5}$	3,93
2	10,60	9,210	7,378	5,991	4,605	2,773	1,386	0,575	0,211	$0,103^{-2}$	$5,06^{-2}$	$2,01^{-2}$	1,00
3	12,84	11,34	9,348	7,815	6,251	4,108	2,366	1,213	0,584	0,352	0,216	$0,115^{-5}$	7,17
4	14,86	13,28	11,14	9,488	7,779	5,385	3,357	1,923	1,064	0,711	0,484	0,297	0,207
5	16,75	15,09	12,83	11,07	9,236	6,626	4,351	2,675	1,610	1,145	0,381	0,554	0,412
6	18,55	16,81	14,45	12,59	10,64	7,841	5,348	3,455	2,204	1,635	1,237	0,872	0,676
7	20,28	18,48	16,01	14,07	12,02	9,037	6,346	4,255	2,833	2,167	1,690	1,239	0,989
8	21,96	20,09	17,53	15,51	13,36	10,22	7,344	5,071	3,490	2,733	2,180	1,647	1,344
9	23,59	21,67	19,02	16,92	14,68	11,39	8,343	5,899	4,168	3,325	2,700	2,088	1,735
10	25,19	23,21	20,48	18,31	15,99	12,55	9,342	6,737	4,865	3,940	3,247	2,558	2,156
11	26,76	24,73	21,92	19,68	17,28	13,70	10,34	7,584	5,578	4,575	3,816	3,053	2,603
12	28,30	26,22	23,34	21,03	18,55	14,85	11,34	8,438	6,304	5,226	4,404	3,571	3,074
13	29,82	27,69	24,74	22,36	19,81	15,98	12,34	9,299	7,042	5,892	5,009	4,107	3,565
14	31,32	29,14	26,12	23,68	21,06	17,12	13,34	10,17	7,790	6,571	5,629	4,660	4,075
15	32,80	30,58	27,49	25,00	22,31	18,25	14,34	11,04	8,547	7,261	6,262	5,229	4,601
16	34,27	32,00	28,85	26,30	23,54	19,37	15,34	11,91	9,312	7,962	6,908	5,812	5,142
17	35,72	33,41	30,19	27,59	24,77	20,49	16,34	12,79	10,09	8,672	7,564	6,408	5,697
18	37,16	34,81	31,53	28,87	25,99	21,60	17,34	13,68	10,86	9,390	8,231	7,015	6,265
19	38,58	36,19	32,85	30,14	27,20	22,72	18,34	14,56	11,65	10,12	8,907	7,633	6,844
20	40,00	37,57	34,17	31,41	28,41	23,83	19,34	15,45	12,44	10,85	9,591	8,260	7,434
21	41,40	38,93	35,48	32,67	29,62	24,93	20,34	16,34	13,24	11,59	10,28	8,897	8,034
22	42,80	40,29	36,78	33,92	30,81	26,04	21,34	17,24	14,04	12,34	10,98	9,542	8,643
23	44,18	41,64	38,08	35,17	32,01	27,14	22,34	18,14	14,85	13,09	11,69	10,20	9,260
24	45,56	42,98	39,36	36,42	33,20	28,24	23,34	19,04	15,66	13,85	12,40	10,86	9,886
25	46,93	44,31	40,65	37,65	34,38	29,34	24,34	19,94	16,47	14,61	13,12	11,52	10,52
26	48,29	45,64	41,92	38,89	35,56	30,43	25,34	20,84	17,29	15,38	13,84	12,20	11,16
27	49,64	46,96	43,19	40,11	36,74	31,53	26,34	21,75	18,11	16,15	14,57	12,88	11,81
28	50,99	48,28	44,46	41,34	37,92	32,62	27,34	22,66	19,94	16,93	15,31	13,56	12,46
29	52,34	49,59	45,72	42,56	39,09	33,71	28,34	23,57	19,77	17,71	16,05	14,26	13,12
30	53,67	50,89	46,98	43,77	40,26	34,80	29,34	24,48	20,60	18,49	16,79	14,95	13,79
40	66,77	63,69	59,34	55,76	51,81	45,62	39,34	33,66	29,05	26,51	24,43	22,16	20,71
50	79,49	76,15	71,42	67,50	63,17	56,33	49,33	42,94	37,69	34,76	32,36	29,71	27,99
60	91,95	88,38	83,30	79,08	74,40	66,98	59,33	52,29	46,46	43,19	40,48	37,48	35,53
70	104,2	100,4	95,02	90,53	85,53	77,58	69,33	61,70	55,33	51,74	48,76	45,44	43,28
80	116,3	112,3	106,6	101,9	96,58	88,13	79,33	71,14	64,28	60,39	57,15	53,54	51,17
90	128,3	124,1	118,1	113,1	107,6	98,65	89,33	80,62	73,29	69,13	65,65	61,75	59,20
100	140,2	135,8	129,6	124,3	118,5	109,1	99,33	90,13	82,36	77,93	74,22	70,06	67,33
150	198,4	193,2	185,8	179,6	172,6	161,3	149,3	138,0	128,3	122,7	118,0	112,7	109,1
200	225,3	249,4	241,1	234,0	226,0	213,1	199,3	186,2	174,8	168,3	162,7	156,4	152,2
250	311,3	304,9	295,7	287,9	279,1	264,7	249,3	234,6	221,8	214,4	208,1	200,9	196,2
300	366,8	359,9	349,9	341,4	331,8	316,1	299,3	283,1	269,1	260,9	253,9	246,0	240,7
400	476,6	468,7	457,3	447,6	436,6	418,7	399,3	380,6	364,2	354,6	346,5	337,2	330,9
600	693,0	683,5	669,8	658,1	644,8	623,0	599,3	576,3	556,1	544,2	534,0	522,4	514,5
800	906,8	896,0	880,3	866,9	851,7	826,6	799,3	772,7	749,2	735,4	723,5	709,9	700,7
1000	1119	1107	1090	1075	1058	1030	999,3	969,5	943,1	927,6	914,3	898,9	888,6

Tabelle 4: Werte der χ^2-Verteilung

n	A_E	A_W
1	2,576	1,960
2	1,821	1,386
3	1,487	1,132
4	1,288	0,980
5	1,152	0,877
6	1,052	0,800
7	0,974	0,741
8	0,911	0,693
9	0,859	0,653
10	0,815	0,620
11	0,777	0,591
12	0,744	0,566
13	0,714	0,544
14	0,688	0,524
15	0,665	0,506
16	0,644	0,490
17	0,625	0,475
18	0,607	0,462
19	0,591	0,450
20	0,576	0,438
21	0,562	0,428
22	0,549	0,418
23	0,537	0,409
24	0,526	0,400
25	0,515	0,392

Tabelle 5: Kennwerte zur Berechnung der Grenzen der Mittelwertkarte nach DGQ

n	d_n	D_{OEG}	D_{OWG}	D_{UWG}	D_{UEG}
2	1,128	3,970	3,170	0,044	0,009
3	1,693	4,424	3,682	0,303	0,135
4	2,059	4,694	3,984	0,595	0,343
5	2,326	4,886	4,197	0,850	0,555
6	2,534	5,033	4,361	1,066	0,749
7	2,704	5,154	4,494	1,251	0,922
8	2,847	5,255	4,605	1,410	1,075
9	2,970	5,341	4,700	1,550	1,212
10	3,078	5,418	4,784	1,674	1,335
11	3,173	5,485	4,858	1,784	1,446
12	3,258	5,546	4,925	1,884	1,547
13	3,336	5,602	4,985	1,976	1,639
14	3,407	5,652	5,041	2,059	1,724
15	3,472	5,699	5,092	2,136	1,803
16	3,532	5,742	5,139	2,207	1,876
17	3,588	5,783	5,183	2,274	1,944
18	3,640	5,820	5,224	2,336	2,008
19	3,689	5,856	5,262	2,394	2,068
20	3,735	5,889	5,299	2,449	2,125
21	3,778	5,921	5,333	2,500	2,178
22	3,819	5,951	5,365	2,549	2,229
23	3,858	5,979	5,396	2,596	2,277
24	3,895	6,006	5,425	2,640	2,323
25	3,930	6,032	5,453	2,682	2,366

Tabelle 6: Kennwerte zur Berechnung der Grenzen bei der Spannweitenkarte nach DGQ

n	a_n	B_{OEG}	B_{OWG}	B_{UWG}	B_{UEG}
2	0,798	2,807	2,241	0,031	0,006
3	0,886	2,302	1,921	0,159	0,071
4	0,921	2,069	1,765	0,268	0,155
5	0,940	1,927	1,669	0,348	0,227
6	0,952	1,830	1,602	0,408	0,287
7	0,959	1,758	1,552	0,454	0,336
8	0,965	1,702	1,512	0,491	0,376
9	0,969	1,657	1,480	0,522	0,410
10	0,973	1,619	1,454	0,548	0,439
11	0,975	1,587	1,431	0,570	0,464
12	0,978	1,560	1,412	0,589	0,486
13	0,979	1,536	1,395	0,606	0,506
14	0,981	1,515	1,379	0,621	0,524
15	0,982	1,496	1,366	0,634	0,540
16	0,983	1,479	1,354	0,646	0,554
17	0,985	1,463	1,343	0,657	0,567
18	0,985	1,450	1,333	0,667	0,579
19	0,986	1,437	1,323	0,676	0,590
20	0 j987	1,425	1,315	0,685	0,600
21	0,988	1,414	1,307	0,692	0,610
22	0,988	1,404	1,300	0,700	0,619
23	0,989	1,395	1,293	0,707	0,627
24	0,989	1,386	1,287	0,713	0,635
25	0,990	1,378	1,281	0,719	0,642

Tabelle 7: Kennwerte zur Berechnung der Grenzen bei der Standardabweichungskarte nach DGQ

Bildquellenverzeichnis

Bild: 3	Doppler, Hermann: Fertigungsoptimierung bei der Herstellung von Motorensteuerungsteilen, in: Deutsches IE-Jahrbuch '93
Bilder: 41, 42	Heid, Walter: Qualitätssicherung (Skript zur Mitarbeiterschulung)
Bilder: 26, 27, 29, 30, 31	Kersten, Günter: FMEA – Schlüsselmethode für präventives Qualitätsmanagement, in: Deutsches IE-Jahrbuch '93
Bild: 75	Fa. Mann & Hummel: Statistische Methoden (Skript zur Mitarbeiterschulung)
Bild: 46	Fa. Bosch: Attributive Merkmale (Schriftenreihe zur technischen Statistik)

Literaturverzeichnis

Baumann, A.: Handreichung zur Lehrerfortbildung, 1994

Deutsche Gesellschaft für Qualität (DGQ) (Hrsg.): SPC 1 – Statistische Prozesslenkung, Beuth Verlag, Berlin 1990

Deutsche Gesellschaft für Qualität (DGQ) (Hrsg.): SPC 2 – Qualitätsregelkartentechnik, 5. Aufl., Beuth Verlag, Berlin 1995

Deutsche Gesellschaft für Qualität (DGQ) (Hrsg.): SPC 3 – Anleitung zur statistischen Prozesslenkung, Beuth Verlag, Berlin 1990

Deutscher Industrie- und Handelstag (DIHT) (Hrsg.): Statistik und Qualitätssicherung für Industriemeister Metall, Bertelsmann Verlag, Bielefeld 1991

DIN EN ISO 9000ff. Beuth Verlag, Berlin 1994, 2000, 2005

Doppler, H.: Fertigungsoptimierung bei der Herstellung von Motorensteuerungsteilen, in: Deutsches IE-Jahrbuch, 1993

Dutschke, W.: Qualitätssicherung in der Fertigung (Vorlesungsskript der Uni Stuttgart), Stuttgart, 1988

Fa. Mercedes Benz: Statistische Prozessregelung mit Messwerten, Stuttgart o. J.

Fa. Mann & Hummel: Statistische Methoden (Skript zur Mitarbeiterschulung), Ludwigsburg o. J.

Heid, W.: Qualitätssicherung (Skript zur Mitarbeiterschulung), Stuttgart, 1989

Hering, E./Triemel, J./Blank, H. (Hrsg.): Qualitätsmanagement für Ingenieure, VDI-Buch, 4. Aufl., Springer Verlag, Berlin 1999

Kersten, G.: FMEA – Schlüsselmethode für präventives Qualitätsmanagement, in: Deutsches IE-Jahrbuch, 1993

Münz, P.: Grundkurs Qualitätssicherung (Handreichung zur Lehrerfortbildung), 1994

Schmitt, R./Pfeifer, T. (Hrsg.): Handbuch Qualitätsmanagment, 5. Aufl., Carl Hanser Verlag, München 2007

Sachregister